# 基础类传感器实验指导

## 性能及应用

薛军平/主编

燕山大学出版社

·秦皇岛·

**图书在版编目（CIP）数据**

基础类传感器实验指导：性能及应用 / 薛军平主编. —秦皇岛：燕山大学出版社，2023.6

ISBN 978-7-5761-0513-1

Ⅰ. ①基… Ⅱ. ①薛… Ⅲ. ①传感器—实验 Ⅳ. ①TP212-33

中国国家版本馆 CIP 数据核字（2023）第 075649 号

**基础类传感器实验指导**

——性能及应用

JICHULEI CHUANGANQI SHIYAN ZHIDAO

薛军平 主编

---

| | | | |
|---|---|---|---|
| **出 版 人：** | 陈　玉 | | |
| **责任编辑：** | 王　宁 | **策划编辑：** | 刘韦希 |
| **责任印制：** | 吴　波 | **封面设计：** | 刘韦希 |
| **出版发行：** | 燕山大学出版社 YANSHAN UNIVERSITY PRESS | **电　　话：** | 0335-8387555 |
| **地　　址：** | 河北省秦皇岛市河北大街西段 438 号 | **邮政编码：** | 066004 |
| **印　　刷：** | 涿州市般润文化传播有限公司 | **经　　销：** | 全国新华书店 |

---

| | | | |
|---|---|---|---|
| **开　　本：** | 710 mm×1000 mm　1/16 | **印　　张：** | 12 |
| **版　　次：** | 2023 年 6 月第 1 版 | **印　　次：** | 2023 年 6 月第 1 次印刷 |
| **书　　号：** | ISBN 978-7-5761-0513-1 | **字　　数：** | 200 千字 |
| **定　　价：** | 47.00 元 | | |

---

# 前　言

实验教学是学生学习过程中一个极其重要的环节，通过实验训练不仅可以巩固理论知识，加深对知识的理解，而且可以有效提高动手操作和分析解决问题的能力，培养他们科学严谨的工作作风并增强团队协作意识。基于此目的，笔者结合现有实验条件，针对高校机械类或能源类专业学生特编写本书，在训练学生基础实验技能的同时，突出对综合应用实验能力的培养，具有较强的可操作性和实用性。

本书主要内容包括基础类传感器的基础性能实验和综合应用实验两部分。基础性能实验主要侧重于传感器的静动态性能实验项目，而综合应用实验则注重于传感器在工程实际的综合应用。每个实验项目均按照实验目的、实验原理、实验设备、实验步骤及记录、实验报告等展开叙述，在教学中可根据实际情况灵活选择。实验内容和难易程度可以满足不同层次的教学要求。实验项目没有涉及先进的传感器技术，而是着眼于基础类传感器的应用，注重学科基础的培养。本书可以作为本科或高职院校机械类或能源类专业相关课程的配套实验教材或参考书，也可以作为教师和实验技术人员的参考用书。

笔者在编写本教材过程中虽然力求完美，确保无误，但仍可能存在疏漏和不足之处，恳请广大读者批评和指正。

# 目 录

## 基础性能实验



## 综合应用实验

## 附　录

# 基础性能实验

# 实验一　电涡流传感器静态标定实验

## 一、实验目的

了解电涡流传感器测量位移的工作原理和特性。

## 二、实验原理

当线圈通过交流电流时，在线圈周围会产生交变磁通，使置于交变磁场中的金属导体中感应出交变电流，此电流呈旋涡状，故称“电涡流”。导体的涡流效应产生涡流损耗，从而会使原线圈的阻抗发生变化。其阻抗 $Z=f(\sigma, \mu, h, I, \omega, d)$。其中 $\sigma$、$\mu$、$h$ 分别是金属导体的电导率、磁导率和厚度，$I$ 和 $\omega$ 分别是线圈激励电流和角频率，$d$ 是线圈与金属导体之间的距离。电涡流位移传感器，固定 $\sigma$、$\mu$、$h$、$I$、$\omega$ 这些参数不变，从而阻抗 $Z$ 与距离 $d$ 成单值函数关系，通过处理电路将阻抗输出为电压信号。

## 三、实验设备

实验设备主要有电涡流传感器、不锈钢反射面、涡流变换器、测微头、V/F 表等。

## 四、实验步骤及记录

1.实验步骤

（1）按图 1 安装电涡流传感器。

（2）按图 2 接线，完成经教师检查合格后，打开“直流电源”开关，

V/F 表选择 V 挡。

（3）将千分尺测微头下移，使其与托盘接触，电涡流传感器移至不锈钢反射面上方与其平贴，并将锁紧螺母锁紧。

（4）转动千分尺测微头使其向下移动，然后每隔 0.2 mm 读一个数，直到输出几乎不变为止。将结果填入表 1 中。

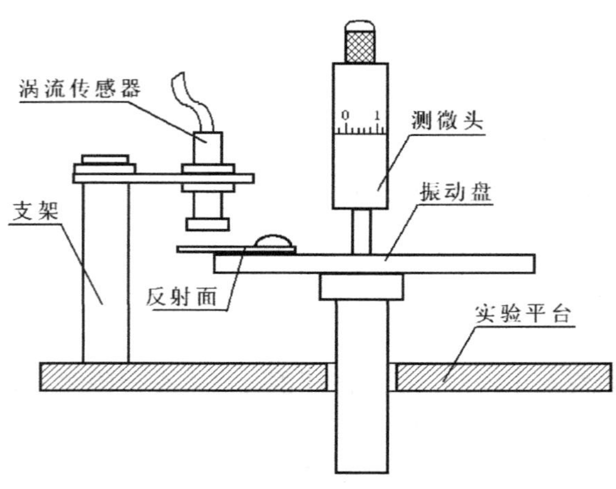


**图 1　电涡流传感器安装示意图**

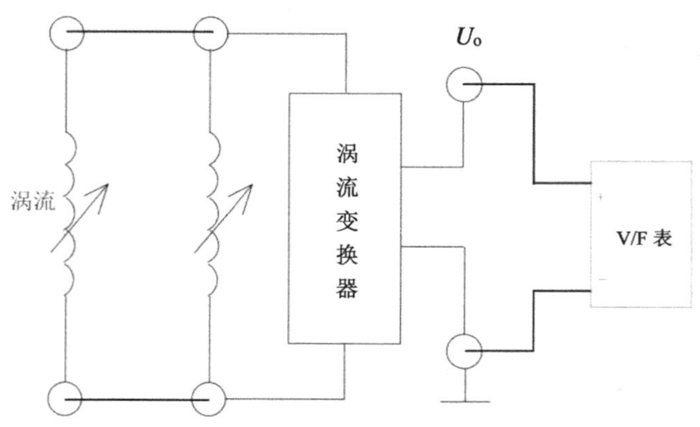


**图 2　电涡流传感器接线图**

2.原始数据记录

**表 1　电涡流传感器数据表**

| $\Delta X$ / mm | 0 | 0.2 | 0.4 | 0.6 | 0.8 | 1.0 | 1.2 | 1.4 | 1.6 | 1.8 |
|---|---|---|---|---|---|---|---|---|---|---|
| $V_o$ / V | | | | | | | | | | |
| $\Delta X$ / mm | 2.0 | 2.2 | 2.4 | 2.6 | 2.8 | 3.0 | 3.2 | 3.4 | 3.6 | 3.8 |
| $V_o$ / V | | | | | | | | | | |
| $\Delta X$ / mm | 4.0 | 4.2 | 4.4 | 4.6 | 4.8 | 5.0 | 5.2 | 5.4 | 5.6 | 5.8 |
| $V_o$ / V | | | | | | | | | | |
| $\Delta X$ / mm | 6.0 | 6.2 | 6.4 | 6.6 | 6.8 | 7.0 | 7.2 | 7.4 | 7.6 | 7.8 |
| $V_o$ / V | | | | | | | | | | |
| $\Delta X$ / mm | 8.0 | 8.2 | 8.4 | 8.6 | 8.8 | 9.0 | 9.2 | 9.4 | 9.6 | 9.8 |
| $V_o$ / V | | | | | | | | | | |

## 五、实验报告内容

（1）简述电涡流式传感器测量位移的原理。

（2）填写数据记录表。

（3）根据表格所列结果，画出 $V_o$-$X$ 曲线，并指出线性工作范围。

# 实验二　压电传感器系统动态响应实验

## 一、实验目的

了解压电式传感器的原理、结构及应用。

## 二、实验原理

压电传感器由惯性质量块和压电陶瓷片等组成（实验用的压电式加速度计结构如图 1 所示），工作时传感器与试件振动的频率相同，质量块便有正比于加速度的交变力作用在压电陶瓷片上。由于压电效应，压电陶瓷产生正比于运动加速度的表面电荷，从而实现非电量的测量。压电传感器可以对各种动态力、机械冲击和振动进行测量，在声学、医学、力学、导航方面都得到了广泛的应用。

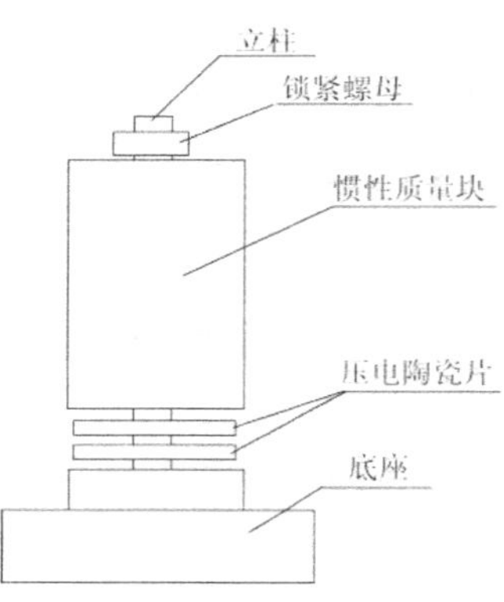


**图 1　压电式加速度计**

## 三、实验设备

实验设备主要有振动源 2、信号源、压电传感器、低通滤波器、电荷放大器、示波器等。

## 四、实验步骤及记录

1.实验步骤

（1）按图 2 进行接线。

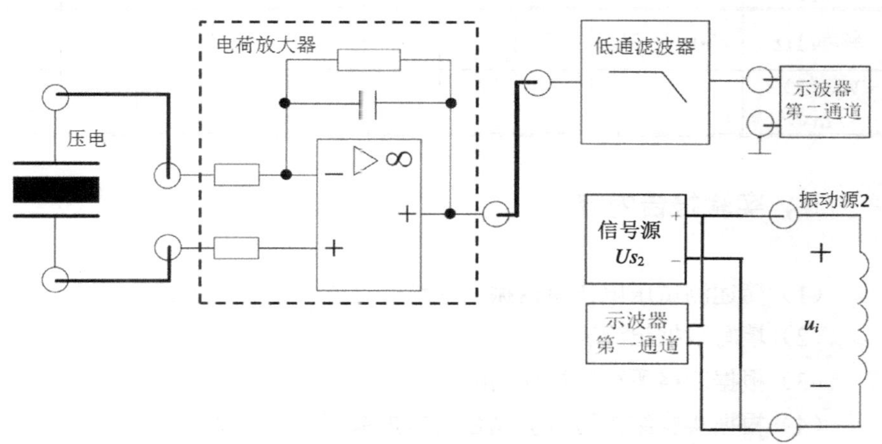


**图 2　压电传感器振动实验接线图**

（2）将“振动源 2”的千分尺向上移动到 25 mm 刻度处。

（3）接线完成经教师检查合格后，打开“直流电源”开关，调节低频信号源“$Us_2$”幅度旋钮使示波器第一通道 $V_{pp}$（1）=8 V，调节频率旋钮使示波器第一通道 freq（1）=10 Hz，此时悬臂梁开始振动。

（4）示波器显示设置，使第一、二通道电压刻度单位：$V_{CH1}$=2 V、$V_{CH2}$=20 mV，时间刻度单位设置为：$T_{Time}$=20 ms。

（5）转动低频信号源“$Us_2$”的频率旋钮，从 10 Hz 开始，每增加 1 Hz，记录下示波器第二通道信号的电压峰峰值 $V_{pp}$（2），做至 32 Hz 结束，填写数据到表 1，并由此得出振动系统的共振频率。

2.原始数据记录

**表 1　压电传感器频率响应数据表**

| 频率/Hz | 10 | 11 | 12 | 13 | 14 | 15 | 16 | 17 | 18 | 19 |
|---|---|---|---|---|---|---|---|---|---|---|
| $V_{pp}$（2）/mV | | | | | | | | | | |

（续表）

| 频率/Hz | 20 | 21 | 22 | 23 | 24 | 25 | 26 | 27 | 28 | 29 |
|---|---|---|---|---|---|---|---|---|---|---|
| $V_{pp}$（2）/mV | | | | | | | | | | |
| 频率/Hz | 30 | 31 | 32 | | | | | | | |
| $V_{pp}$（2）/mV | | | | | | | | | | |

## 五、实验报告内容

（1）简述测试压电传感器振动系统的动态响应的原理。

（2）填写数据记录表。

（3）根据表格所列数据作出幅频特性图。

（4）根据实验结果可知振动台的自振频率大致是多少。

# 实验三　电阻应变计组桥特性实验

## 一、实验目的

了解金属箔式应变片及测量电桥的工作原理，验证单臂、半桥、全桥的性能及相互之间的关系。

## 二、实验原理

电阻丝在外力作用下发生机械变形时，其电阻值发生变化，这就是电阻应变效应。描述电阻应变效应的关系式为：$\Delta R/R=K\varepsilon$，式中：$\Delta R/R$ 为电阻丝电阻相对变化；$K$ 为应变灵敏系数；$\varepsilon=\Delta L/L$，为电阻丝长度的相对变化。金属箔式应变片是应变敏感元件，通过它转换被测部位的受力状态变化、电桥的作用、完成电阻到电压的比例变化，电桥的输出电压反映了相应的受力状态。单臂电桥输出电压 $U_o=EK\varepsilon/4$；半桥测量电路中，不同受力方向的两片应变片接入电桥作为邻边，当两片应变片阻值和应变量相同时，其桥路输出电压 $U_o=EK\varepsilon/2$；全桥测量电路中，其桥路输出电压 $U_o=EK\varepsilon$。

## 三、实验设备

实验设备主要有应变传感器实验模块，直流稳压电源，电桥，差动放大器，双平行梁测微头，F/V 表，应变片，主、副电源等。

## 四、实验步骤及记录

1.实验步骤

（1）了解所需单元、部件在实验仪上的所在位置，观察梁上的应变片，应变片为棕色衬底箔式结构小方薄片，上下两片，梁的外表面各贴两片受力应变片和一片补偿应变片，测微头在双平行梁前面的支座上，可以上、下、前、后、左、右调节。

（2）将差动放大器调零：用连线将差动放大器的正（+）、负（—）、地短接，将差动放大器的输出端与 F/V 表的输入插口 $V_i$ 相连，开启主、副电源，调节差动放大器的增益到最大位置，然后调整差动放大器的调零旋钮使 F/V 表显示为零，关闭主、副电源。

（3）根据图 1 接线组成单臂电桥，$R_1$、$R_2$、$R_3$ 为电桥单元的固定电阻，*Rx* 为应变片，*r* 及 $W_1$ 为调平衡网络；将稳压电源的切换开关置±4 V 挡，F/V 表置 20 V 挡，调节测微头脱离双平行梁，开启主、副电源，调节电桥平衡网络中的 $W_1$，使 F/V 表显示为零，然后将 F/V 表置 2 V 挡，再调电桥 $W_1$（慢慢地调），使 F/V 表显示为零。

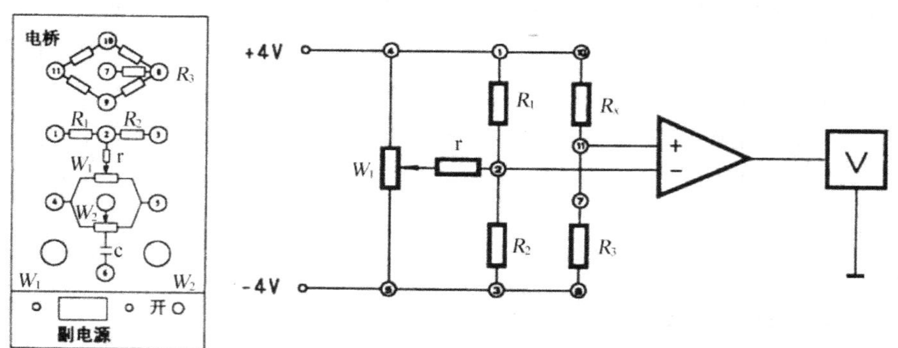


**图 1 应变电桥接线图**

（4）将测微头转动到 10 mm 刻度附近，安装到双平等梁的自由端（与自由端磁钢吸合），调节测微头支柱的高度（梁的自由端跟随变化），使 F/V 表显示最小，再旋动测微头，使 F/V 表显示为零（细调零），这时的测微头刻度为零位的相应刻度（需预热几分钟表头才能稳定下来）。

（5）往下、往上分别旋动测微头，使梁的自由端产生位移，记下 F/V

表显示的值，每旋动测微头一周即 $\Delta X$＝0.5 mm 记一个读数，包括零点，上、下各记 5 个数，填入表 1 中。

（6）保持放大器增益不变，将 $R_3$ 固定电阻换为与 $R_4$ 工作状态相反的另一应变片，即取与两片受力方向不同的应变片，形成半桥，调节测微头使梁到水平位置（目测），调节电桥 $W_1$ 使 F/V 表显示为零，重复（4）、（5），将读数填入表 2 中。

（7）保持差动放大器增益不变，将$R_1$、$R_2$两个固定电阻换成另外两片受力应变片（见图2），组桥时要掌握对臂应变片的受力方向相同，邻臂应变片的受力方向相反即可，否则相互抵消没有输出。接成一个直流全桥，调节测微头使梁到水平位置，调节电桥$W_1$，同样使F/V表显示为零。重复（4）、（5），将读数填入表3中。

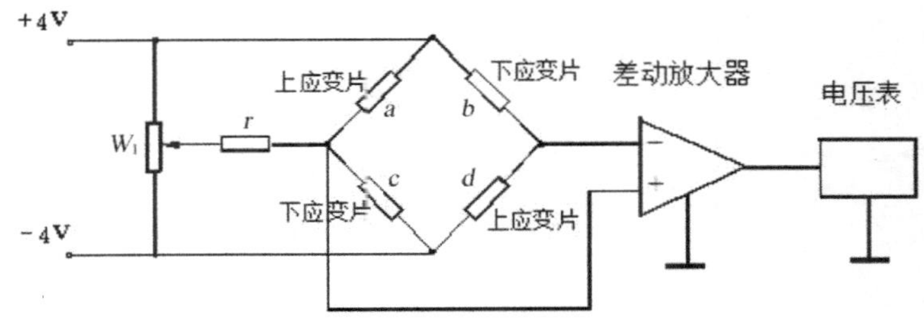


图 2　全桥接线图

2.原始数据记录

表 1　单臂电桥数据记录表

| 位移 $\Delta X$ /mm | −2.5 | −2 | −1.5 | −1 | −0.5 | 0 | 0.5 | 1 | 1.5 | 2 | 2.5 |
| --- | --- | --- | --- | --- | --- | --- | --- | --- | --- | --- | --- |
| 电压 $V_{pp}$ /mV | | | | | | | | | | | |

表 2　半桥数据记录表

| 位移 $\Delta X$ /mm | −2.5 | −2 | −1.5 | −1 | −0.5 | 0 | 0.5 | 1 | 1.5 | 2 | 2.5 |
| --- | --- | --- | --- | --- | --- | --- | --- | --- | --- | --- | --- |
| 电压 $V_{pp}$ /mV | | | | | | | | | | | |

**表 3　全桥数据记录表**

| 位移 $\Delta X$ /mm | −2.5 | −2 | −1.5 | −1 | −0.5 | 0 | 0.5 | 1 | 1.5 | 2 | 2.5 |
|---|---|---|---|---|---|---|---|---|---|---|---|
| 电压 $V_{pp}$ /mV | | | | | | | | | | | |

## 五、实验报告内容

（1）简述单臂电桥、半桥、全桥的工作原理。

（2）填写数据记录表 1、表 2 和表 3。

（3）根据记录表所列数据，在同一坐标中画出 $V_{pp}$-$X$ 曲线，并计算和分析三种电桥的灵敏度大小和关系。

# 实验四　电容式传感器特性实验

## 一、实验目的

掌握电容式传感器的结构、工作原理和测量方法。

## 二、实验原理

电容式传感器是指能将被测物理量的变化转换为电容量变化的一种传感器，它实质上是具有一个可变参数的电容器。利用平板电容器原理：

$$C=\frac{\varepsilon S}{d}=\frac{\varepsilon_0\varepsilon_r S}{d}$$

式中：$S$ 为极板面积，$d$ 为极板间距离，$\varepsilon_0$ 为真空介电常数，$\varepsilon_r$ 为介质相对介电常数。由此可以看出，当被测物理量使 $S$、$d$ 或 $\varepsilon_r$ 发生变化时，电容量 $C$ 随之发生改变；如果保持其中两个参数不变而仅改变另一个参数，就可以将该参数的变化转换为电容量的变化。如图 1 所示，两个极板电容器共享一个内极板，当内极板随被测物体移动时，两个电容器内外极板的有效面积发生改变，一个增大，另一个减小，将三个极板用导线引出，形成差动电容输出。通过处理电路将电容的变化转换成电压变化，实现位移的测量。

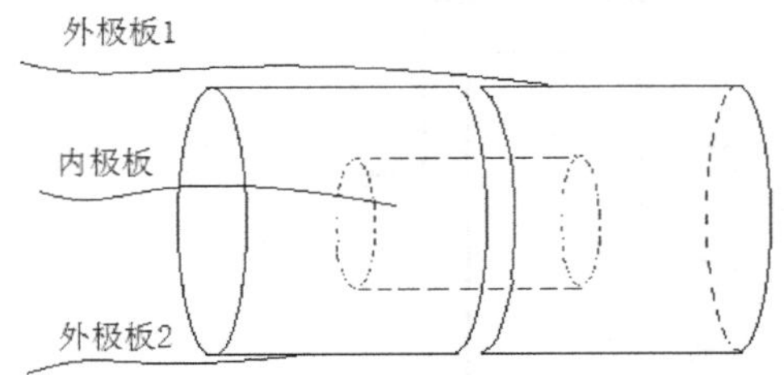


**图 1　电容传感器内部结构示意图**

## 三、实验设备

实验设备主要有电容传感器、电容变换器、测微头、V/F 表。

电容传感器在实验台的安装，如图 2 所示。

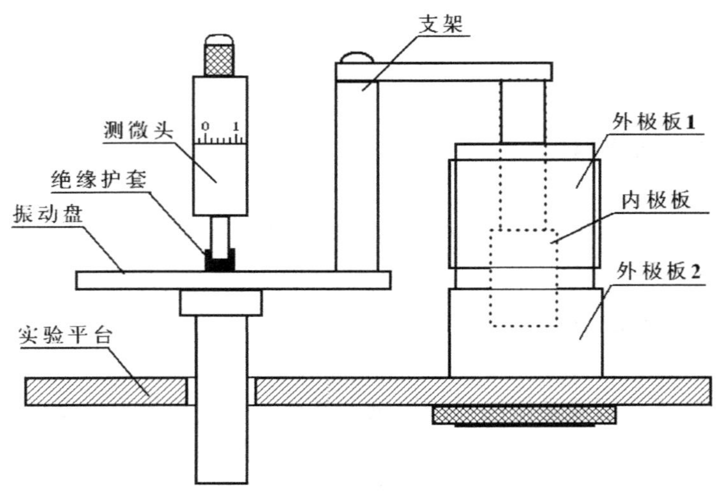


图 2　电容传感器安装示意图

## 四、实验步骤及记录

1.实验步骤

（1）如图 3 所示进行接线，将“电容变换器”的输出接到 V/F 表，并选择 V 挡。（注：电容传感器与变换器相连时应选用三根相同长度的实验导线，越短越好。）

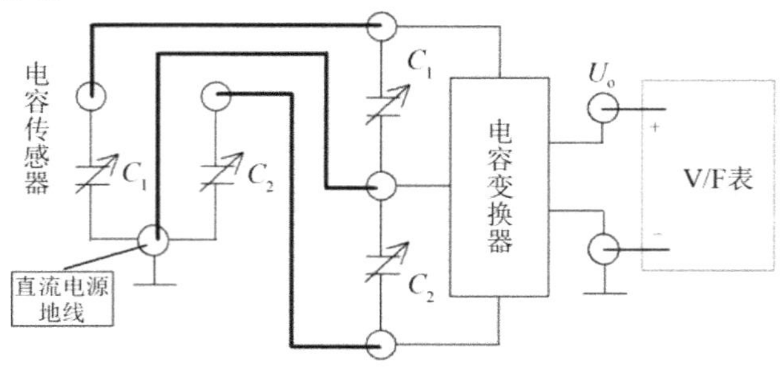


图 3　电容传感器接线图

（2）接线完成经教师检查合格后，打开“直流电源”开关。调节“电容变换器”的增益调节电位器到中间位置（顺时针或逆时针转 5 圈，实验过程不允许改动），调节螺旋测微器，使得 V/F 表显示为零。

（3）分别向上、下不同方向旋动测微头，每隔 0.5 mm（转 1 圈）记下一个读数，每一方向各记 5 个数，将读数填入表 1 中。

2.原始数据记录

**表 1　电容传感器数据记录表**

| 位移/mm | −2.5 | −2 | −1.5 | −1 | −0.5 | 0 | 0.5 | 1 | 1.5 | 2 | 2.5 |
|---|---|---|---|---|---|---|---|---|---|---|---|
| 电压 $V_{pp}$/mv | | | | | | | | | | | |

## 五、实验报告内容

（1）简述电容式传感器测量位移的原理。

（2）填写数据记录表。

（3）根据记录表所列数据，画出 $V_{pp}$-$X$ 曲线，并指出线性工作范围。

# 实验五　压阻式传感器静态特性实验

## 一、实验目的

（1）认识了解 MPX10DP 扩散硅压阻式传感器的结构组成和特点；
（2）掌握扩散硅压阻式传感器的工作原理；
（3）掌握传感器的主要静态性能指标及计算方法；
（4）掌握最小二乘法进行线性拟合的方法。

## 二、实验原理

扩散硅压阻式传感器是利用材料的压阻效应制成的一种传感器。所谓压阻效应是指当半导体硅材料受到应力作用后，其晶体的晶格会产生变形，从而使硅的电阻率发生变化。硅的压阻效应不同于金属应变计的电阻应变效应，前者电阻的变化主要取决于电阻率的变化，而后者电阻的变化主要取决于材料的几何尺寸的变化，且前者的灵敏度比后者大 50～100 倍。

硅压阻式传感器结构如图 1 所示，它主要由外壳、硅膜片及引线等组成。其核心部分是一块圆形硅膜片，在膜片上采用集成电路成型工艺将 4 个等值硅电阻条集成在硅膜片上连接成平衡电桥，其中两条位于压应力区，另外两条处于拉应力区，相对于膜片中心对称布置。硅膜片的两侧有两个压力腔，一个是与被测压力连通的高压腔，另一个是与大气连通的低压腔。当膜片两侧有

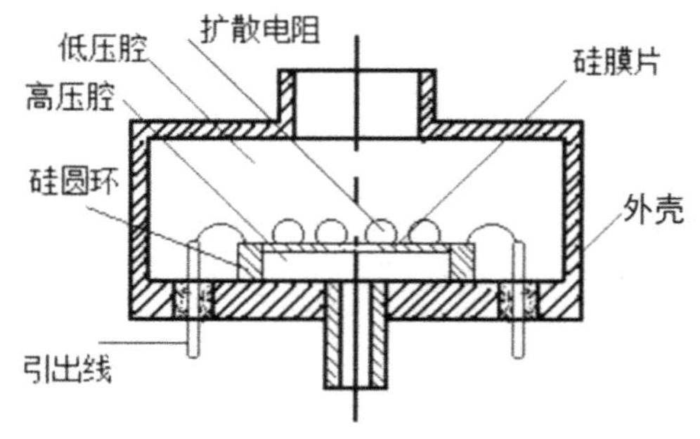


图 1　硅压阻式传感器

压力差时，膜片上各点存在应力，在应力作用下 4 个等值硅电阻阻值将发生变化，使电桥失去平衡，输出与压力差成正比的电压。同时输出的电压大小反映了膜片两侧的压力差的大小。

压阻式传感器广泛地应用于航天航空、航海、石油化工、动力机械、生物医学工程、气象、地质等各个领域。其特点是：频率响应高，体积小，耗电少，灵敏度高，精度好，可靠性高；其缺点是：受温度影响较大，工艺较复杂和造价高等。

## 三、实验设备

实验设备主要有实验主控台、固定电压源、压力传感器实验模块、直流电压表等。

本实验采用摩托罗拉公司的 MPX10 硅压力传感器，如图 2 所示。MPX10 有 4 个引出脚，1 脚接地、2 脚为 $U_{o+}$、3 脚接+5 V 电源、4 脚为 $U_{o-}$。当 $P_1>P_2$ 时，输出为正；当 $P_1< P_2$ 时，输出为负。

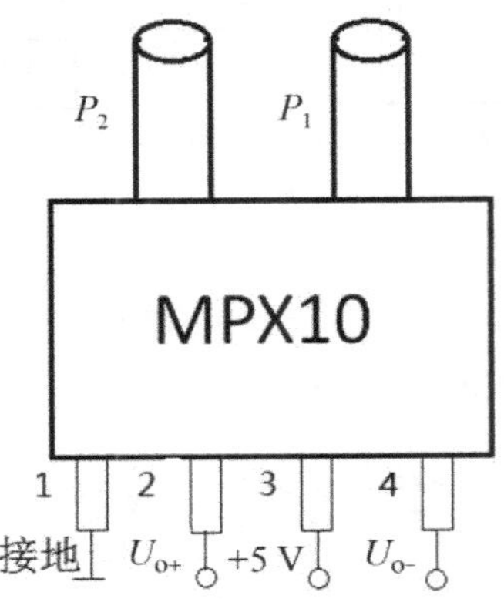


图 1　MPX10DP 示意图

## 四、实验步骤及记录

（1）将压力传感器实验模块的+15 V、−15 V和接地GND输入端分别连接主控台上的固定电压源的相应端口，输出端 $U_{o2}$ 正负极接直流电压表的正负极上，选择200 mV挡。

（2）打开实验台总电源，进行差动放大器的调零：转动旋钮 $R_{w3}$ 到适当位置（从起始位置顺时针或逆时针转 5 圈）并保持不动，用导线将差动放大器的输入端 $U_i$ 短路，打开主控台上固定电压源红色开关，转动 $R_{w2}$ 使电压表 200 mV 挡显示为零，然后关闭固定电压源开关取下 $U_i$ 短路导线。

（3）将压力传感器+5 V接到主控台固定电压源的+5 V端口，输出 $U_{o+}$、$U_{o-}$ 分别接到差动放大器的输入端 $U_i$ 两端口上；气室 1、2 的两个活塞退回到刻度“17”的小孔后，使两个气室的压力相对大气压均为 0，气压计指在零刻度处。打开“固定电压源”开关，调节 $R_{w1}$ 使直流电压表 200 mV挡显示为零，并把电压表挡位选择为 20 V挡。

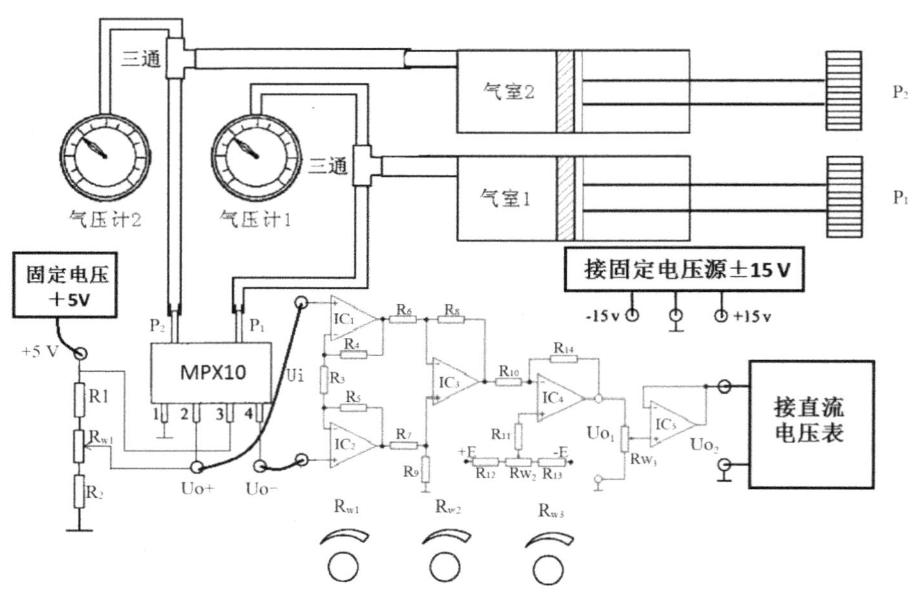


**图 3　传感器接线图**

（4）保持气室 2 活塞位置在刻度“17”的小孔之后，使气压计 $P_2$ 压力为零，旋转气室 1 活塞使气压计 $P_1$ 的压力从 0 MPa 开始，每隔 0.005 MPa（5 kPa）记下主控台直流电压表的示数，直到 $P_1$ 的压力达到 0.095 MPa（95 kPa）。将实验数据填入表 1 中。

表 1 $P_1$ 大于 $P_2$

| $P_1-P_2$ /kPa | 0 | 5 | 10 | 15 | 20 | 25 | 30 | 35 | 40 | 45 |
|---|---|---|---|---|---|---|---|---|---|---|
| $U_{o2}$ 电压 /V | | | | | | | | | | |
| $P_1-P_2$ /kPa | 50 | 55 | 60 | 65 | 70 | 75 | 80 | 85 | 90 | 95 |
| $U_{o2}$ 电压 /V | | | | | | | | | | |

（5）保持气室 1 活塞位置在刻度“17”的小孔之后，使气压计 $P_1$ 压力为零，旋转气室 2 活塞使气压计 $P_2$ 的压力从 0 MPa 开始，每隔 0.005 MPa（5 kPa）记下主控台直流电压表的示数，直到 $P_2$ 的压力达到 0.095 MPa（95 kPa）。将实验数据填入表 2 中。

表 2 $P_1$ 小于 $P_2$

| $P_1-P_2$ /kPa | 0 | −5 | −10 | −15 | −20 | −25 | −30 | −35 | −40 | −45 |
|---|---|---|---|---|---|---|---|---|---|---|
| $U_{o2}$ 电压 /V | | | | | | | | | | |
| $P_1-P_2$ /kPa | −50 | −55 | −60 | −65 | −70 | −75 | −80 | −85 | −90 | −95 |
| $U_{o2}$ 电压 /V | | | | | | | | | | |

（6）实验结束后，关闭实验台电源，整理好实验设备。

## 五、实验报告内容

（1）简述扩散硅压阻式传感器的工作原理和特点。

（2）将实验数据记录到表 1 和表 2 中。

（3）根据实验数据，用最小二乘法法线性拟合出传感器的输出 $U_{o2}$-$P$（$P_1$−$P_2$）曲线，并计算灵敏度 $S$ 和线性度 $\delta$。

# 实验六　差动变压器性能实验

## 一、实验目的

了解差动变压器的基本结构及原理，通过实验验证差动变压器的基本特性。

## 二、实验原理

差动变压器由初级线圈、次级线圈、铁芯和线圈骨架等组成。初级线圈作为差动变压器激励用压，相当于变压器的原边。次级线圈由两个结构尺寸和参数相同的线圈反向串接而成，相当于变压器的副边。铁芯连接被测物体。当线圈中的铁芯发生位移后，由于初级线圈和次级线圈之间的互感发生变化，促使次级线圈的感应电动势发生变化，一只次级线圈的感应电动势增加，另一只次级线圈的感应电动势则减小，将两只次级线圈反向串接（同名端连接），引出差动输出电压，则输出电压的变化反映了被测物体的位移量。差动变压器是开磁路，工作是建立在互感基础上的，其原理与输出特性如图 1 所示。

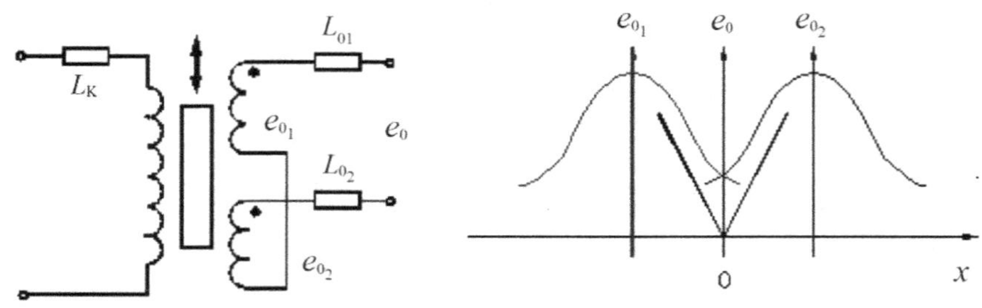


图 1　原理与输出特性图

## 三、实验设备

实验设备主要有差动变压器、信号源、示波器、测微头（千分尺）、差动放大器等。

差动变压器已安装在传感器固定架上，如图 2 所示。

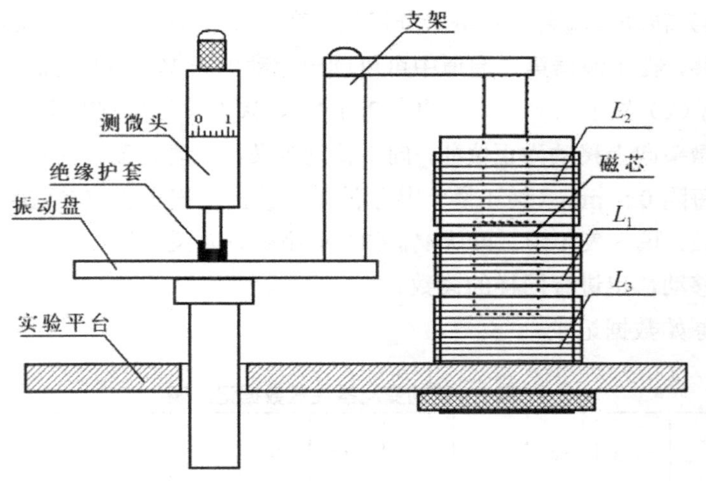


图 2　差动变压器安装图

## 四、实验步骤及记录

1.实验步骤

（1）如图 3 所示进行接线。

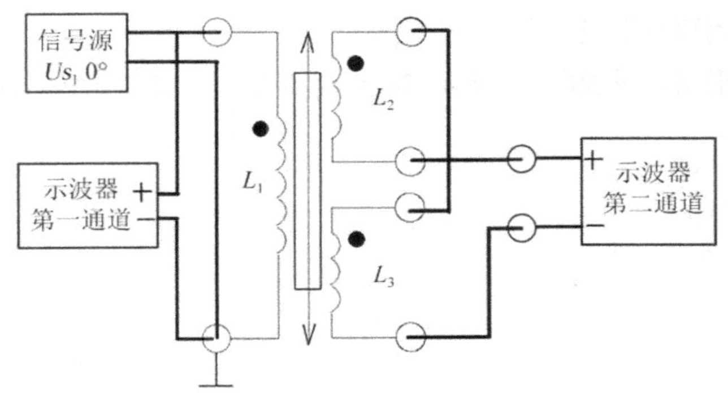


图 3　差动变压器接线图

（2）接线完成经教师检查合格后，打开“直流电源”开关，调节信号源 $Us_1$ 的频率和幅度旋钮，使示波器第一通道频率和电压分别显示为：freq（1）=4.0 kHz，$V_{pp}$（1）=2 V。

（3）示波器显示设置，使第一、二通道电压刻度单位：$V_{CH1}$=500 mV、$V_{CH2}$=100 mV，时间刻度单位设置为：$T_{Time}$=100 μs。

（4）转动实验台中右侧千分尺的测微头使差动变压器的铁芯在线圈中发生位移，在示波器第二通道中可以读出差动电压 $V_{pp}$（2）的值。转动测微头使 $V_{pp}$（2）显示为最小（大约为 20 mV），认为此时是测微头的零位移处。假设测微头向上移动为正位移，向下移动为负，转动测微头使其沿某一方向移动，每隔 0.5 mm（转 1 圈）从示波器上读出输出电压 $V_{pp}$（2）的值，共读 5 个数，填入表 1 中。再从 $V_{pp}$（2）最小处开始反向转动测微头使其沿另一方向移动，也进行同样的读数。

2.原始数据记录

**表 1　差动变压器性能数据记录表**

| 位移 /mm | −2.5 | −2 | −1.5 | −1 | −0.5 | 0 | 0.5 | 1 | 1.5 | 2 | 2.5 |
|---|---|---|---|---|---|---|---|---|---|---|---|
| 电压 $V_{pp}$ /mV | | | | | | | | | | | |

## 五、实验报告内容

（1）简述差动变压器测量位移的原理。

（2）填写数据记录表。

（3）根据记录表所列数据，画出 $V_{pp}$-$X$ 曲线，并指出线性工作范围。

# 实验七　霍尔式传感器直流激励特性实验

## 一、实验目的

了解霍尔式传感器的结构、工作原理，学会用霍尔式传感器做静态位移测试。

## 二、实验原理

霍尔式传感器是由两个磁钢组成的梯度磁场和位于梯度磁场中的霍尔元件组成。根据霍尔效应，霍尔电势 $U_H=K_HIB$，其中 $K_H$ 为霍尔系数，由霍尔材料的物理性质决定，当通过霍尔元件的电流 $I$ 一定，霍尔元件就有电势输出。霍尔元件在梯度磁场中上、下移动时，输出的霍尔电势 $V$ 取决于其在磁场中的位移量 $X$，所以测得霍尔电势的大小便可获知霍尔元件的静位移。

## 三、实验设备

实验设备主要有霍尔式传感器、测微头、电桥、差动放大器、V/F 表、直流稳压电源（±4 V）。

## 四、实验步骤及记录

1. 实验步骤

（1）转动测微头向下移动使其接触托盘，按图 1 进行接线（将直流稳压电源的 GND1 与仪表电路共地），差动放大器的输出 $U_o$ 接 V/F 表。

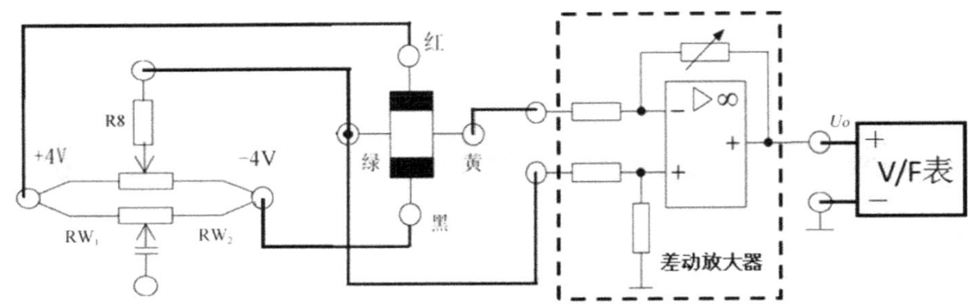


图 1　霍尔式传感器接线图

（2）将“差动放大器”的增益调节电位器调节至中间位置（从起始位置顺时针或逆时针转 5 圈）。

（3）接线完成经教师检查合格后，开启“直流电源”开关，V/F 表选择“V”挡，手动调节测微头的位置，先使霍尔片处于磁钢的中间位置（V/F 表大致为 0），再调节 $R_{w1}$ 使 V/F 表显示为零。

（4）分别向上、下不同方向旋动测微头，每隔 0.5 mm（转 1 圈）记下一个读数，各个方向记 5 个读数，将读数填入表 1 中。

2. 原始数据记录

表 1　霍尔传感器数据记录表

| 位移 /mm | −2.5 | −2 | −1.5 | −1 | −0.5 | 0 | 0.5 | 1 | 1.5 | 2 | 2.5 |
|---|---|---|---|---|---|---|---|---|---|---|---|
| 电压 $V_{pp}$ /V | | | | | | | | | | | |

## 五、实验报告内容

（1）简述霍尔式传感器做静态位移测试的原理。

（2）填写数据记录表。

（3）根据记录表所列数据，画出 $V_{pp}$-$X$ 曲线，并指出线性工作范围。

# 实验八　光电转速传感器转速测量实验

## 一、实验目的

了解光电转速传感器测量转速的原理及方法。

## 二、实验原理

光电转速传感器有反射型和透射型两种，本实验装置是反射型的，传感器端有发光管和接收管，发光管发出的光被转盘反射后被接收管接收，并转换成电信号。由于转盘上有一个透射孔，转动时将获得与转速有关的脉冲，用 V/F 表或示波器观察频率即可求得电机的转速值。

## 三、实验设备

实验设备主要有转动源、反射式光电传感器、直流稳压电源、V/F 表、示波器。

光电转速传感器在实验台的安装如图 1 所示。

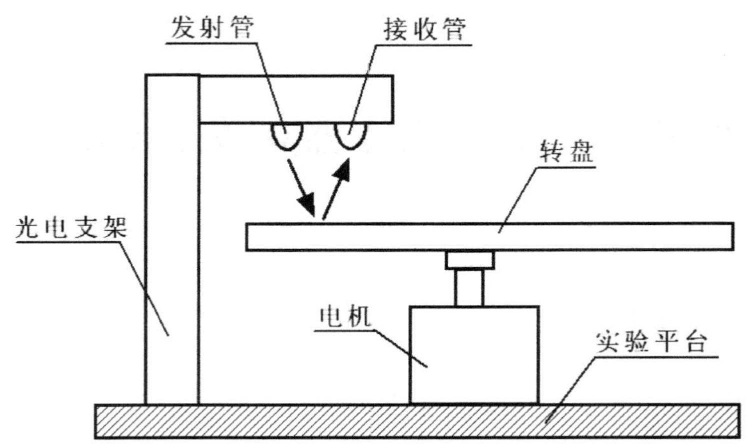


**图 1　光电转速传感器安装示意图**

## 四、实验步骤及记录

1.实验步骤

（1）按图 2 进行接线。

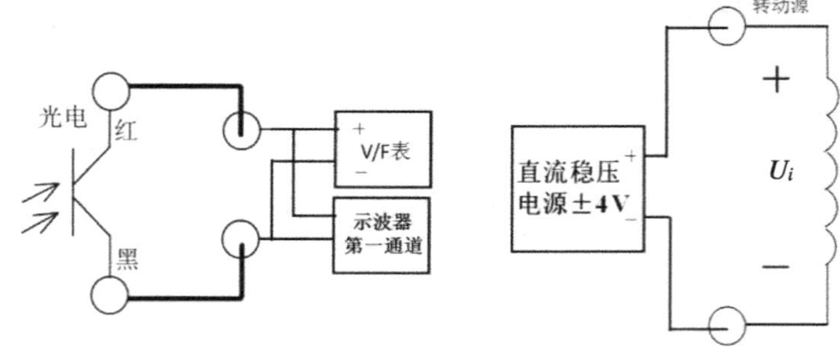


**图 2　光电转速传感器接线图**

（2）接线完成经教师检查合格后，打开“直流电源”开关，调节直流稳压电源，用不同的电压驱动转动源，待转速稳定后记录相应的转速，填入表 1 中。

2.原始数据记录

表 1　转速记录表

| 电压/V | ±4 | ±6 | ±8 | ±10 |
| --- | --- | --- | --- | --- |
| 频率/Hz | | | | |

## 五、实验报告内容

（1）简述光电转速传感器测量转速的原理。

（2）填写数据记录表。

（3）画出矩形脉冲转速信号示意图，并选择一组电压-频率数据求出电机转速（r/min）。

（4）试设计一个方案，使用透射式光电开关检测转盘的转速，简要画出传感器安装示意图。

# 实验九　光纤传感器静态特性实验

## 一、实验目的

了解光纤传感器的原理结构、性能。

## 二、实验原理

反射式光纤传感器的工作原理如图 1 所示，光纤采用 Y 形结构，两束多膜光纤一端合并组成光纤探头，另一端分为两束，分别作为光源光纤和接收光纤。光纤只起到传输信号的作用，当光发射器发出的红外光经光源光纤照射至反射面，被反射的光经接收光纤至光电转换器，将接受到的光转换为电信号。其输出的光强取决于反射体距光纤探头的距离（$x$），通过对光强的检测而得到位移量，如图 2 所示。

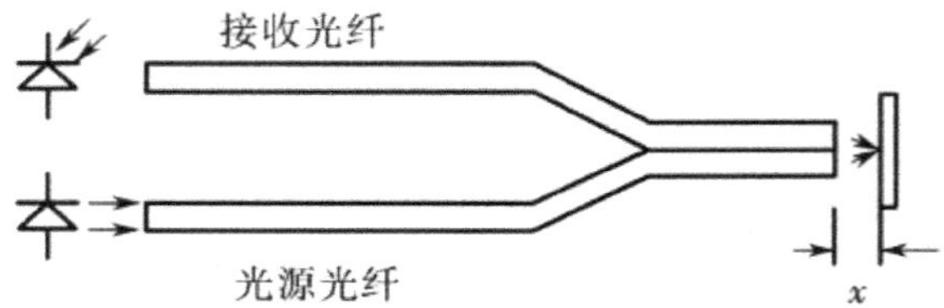


图 1　光纤传感器工作原理示意图

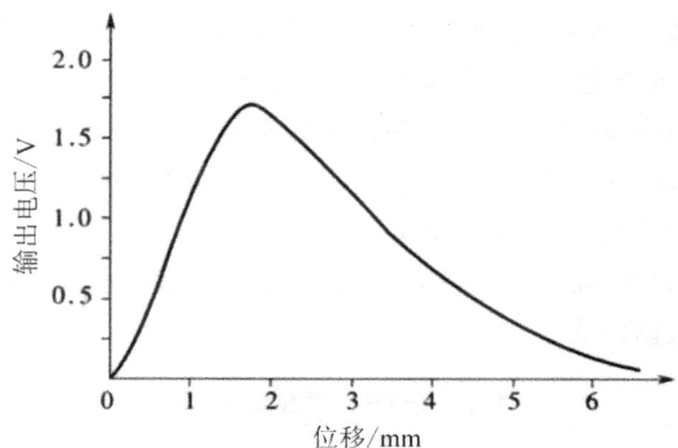

图 2　光纤传感器输入输出特性曲线

## 三、实验设备

实验设备主要有主、副电源，差动放大器，F/V 表，光纤传感器，振动台。

## 四、实验步骤及记录

1.实验步骤

（1）观察光纤位移传感器结构，它由两束光纤混合后，组成 Y 形光纤，探头固定在 Z 形安装架上，外表为螺丝的端面呈半圆分布。

（2）了解振动台在实验仪上的位置（实验仪台面上右边的圆盘，在振动台上贴有反射纸，作为光的反射面）。

（3）如图 3 所示接线。因光/电转换器内部已安装好，所以可将电信号直接经差动放大器放大，F/V 表的切换开关置 2 V 挡，开启主、副电源。

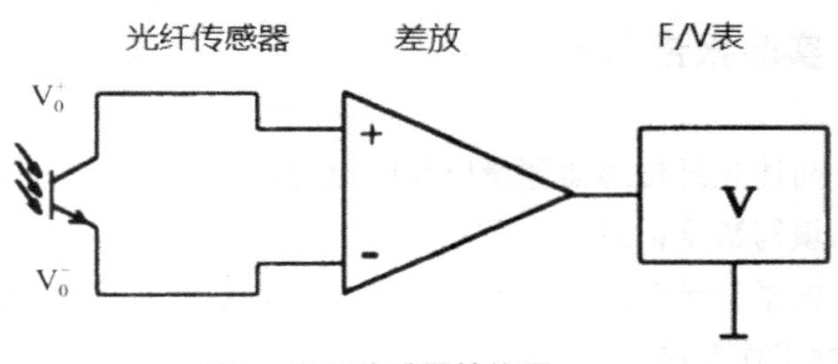

图 3　光纤传感器接线图

（4）旋转测微头，使光纤探头与振动台反光面接触，调节差动放大器增益至最大，调节差动放大器零位旋钮，使电压表读数尽量为零，旋转测微头使反光面的被测体慢慢离开探头，观察电压读数由小到大到小的变化。

（5）旋转测微头使 F/V 表指示重新回零，旋转测微头，每隔 0.05 mm 读出电压表的读数，将读数填入表 1 中。

（6）实验完毕后，关闭主、副电源，把所有旋钮复原到初始位置。

2.原始数据记录

**表 1　光纤传感器数据记录表**

| 位移 /mm | | | | | | | | | | | |
|---|---|---|---|---|---|---|---|---|---|---|---|
| 电压 $V_{pp}$ /mV | | | | | | | | | | | |
| 位移 /mm | | | | | | | | | | | |
| 电压 $V_{pp}$ /mV | | | | | | | | | | | |
| 位移 /mm | | | | | | | | | | | |
| 电压 $V_{pp}$ /mV | | | | | | | | | | | |
| 位移 /mm | | | | | | | | | | | |
| 电压 $V_{pp}$ /mV | | | | | | | | | | | |

## 五、实验报告内容

（1）简述光纤传感器测量位移的原理。

（2）填写数据记录表。

（3）根据记录表所列数据，画出 $V_{pp}$-$X$ 曲线，计算传感器的灵敏度，并指出线性工作范围。

# 实验十　光纤位移传感器动态特性实验

## 一、实验目的

了解光纤位移传感器的动态特性及应用。

## 二、实验原理

光导纤维是利用光的完全内反射原理传输光波的一种介质。如图 1 所示，光纤传感器是由高折射率的纤芯和包层组成的。包层的折射率小于纤芯的折射率，直径大致为 0.1～0.2 mm。当光线通过端面透入纤芯，在到达与包层的交界面时，由于光线的全反射，光线反射回纤芯层。这样经过不断的反射，光线就能沿着纤芯向前传播。由于外界因素（如温度、压力、电场、磁场、振动等）对光纤的作用，引起光波特性参量（如振幅、相位、偏振态等）发生变化。因此人们只要测出这些参量随外界因素的变化关系，就可以通过光特性参量的变化来检测外界因素的变化，这就是光纤传感器的基本工作原理。

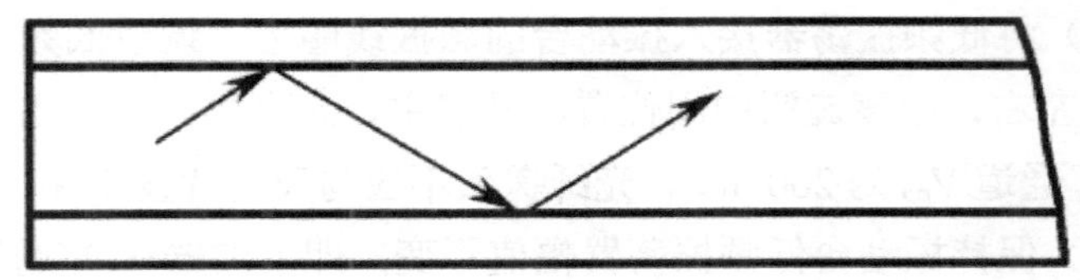

图 1　光纤位移传感器结构示意图

## 三、实验设备

实验设备主要有光纤位移传感器，电压放大器，低通滤波器，示波器，霍尔元件，主、副电源，差动放大器，振动台，低频振荡器，激振线圈等。

## 四、实验步骤及记录

1.实验步骤

（1）了解激振线圈在实验仪上的所在位置及激振线圈的符号，按图 2 进行接线。

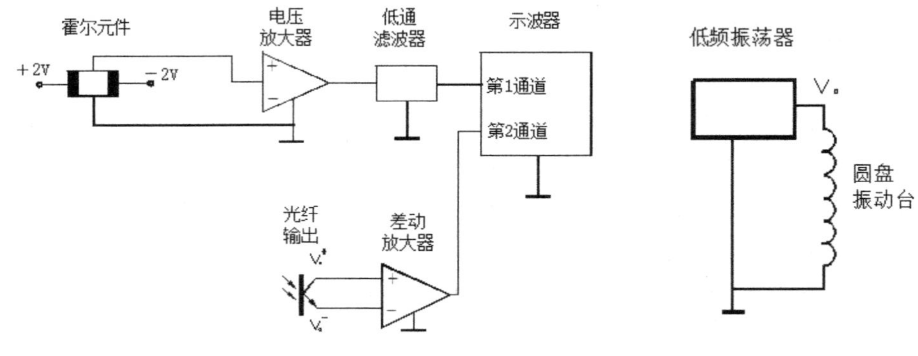


**图 2　光纤传感器接线图**

（2）将测微头与振动台面脱离，测微头远离振动台。将光纤探头与振动台反光面的距离调整在 1 mm 左右。

（3）将低频振荡器接入振动台的激振线圈上，调节低频振荡器的频率为 3 Hz 左右，幅度旋钮中间位置，开启主、副电源。调节幅度旋钮，使示波器第 1 通道 $V_{pp}$ 为 200 mV。光纤探头不应与反射片发生碰撞。

（4）保持振动台低频振荡器幅值不变，即示波器第 1 通道的 $V_{pp}$ 值不变，改变低频振荡器的频率：3～12 Hz（在改变频率的同时如振动台幅值发生变化，则调整幅度旋钮使示波器第 1 通道 $V_{pp}$ 不变），将频率和示波器第 2 通道上所测的峰值填入表 1 中。每隔 1 Hz 记录一个读数并填到表 1 中。

（5）实验结束后，关闭主、副电源，把所有旋钮复原到初始位置。

2.原始数据记录

表 1　光纤位移传感器动态位移数据记录表

| 频率/Hz | | | | | | | | |
|---|---|---|---|---|---|---|---|---|
| $V_{pp}$（2）/mV | | | | | | | | |

## 五、实验报告内容

（1）简述光纤位移传感器作动态位移测试的原理。

（2）填写数据记录表。

（3）根据记录表所列数据作出幅频特性图。

# 实验十一　涡轮流量传感器流量测量实验

## 一、实验目的

（1）理解并掌握涡轮流量传感器的工作原理；
（2）熟悉涡轮流量传感器流量测量方法和应用；
（3）掌握最小二乘法进行线性拟合的方法。

## 二、实验原理

涡轮流量传感器广泛应用于石油、有机液体、液化气、天然气和低温流体的测量。它是基于力矩平衡原理进行流量测量的传感器，当流体流经传感器壳体时，由于叶轮的叶片与流向有一定的角度，流体的冲力使叶片具有转动力矩，克服摩擦力矩和流体阻力之后叶片旋转，在力矩平衡后转速稳定，在一定的条件下，转速与流速成正比。由于叶片有导磁性且处于信号检测器的磁场中，旋转的叶片切割磁力线，周期性的改变着线圈的磁通量，从而使线圈两端感应出电脉冲信号，此信号的频率与流体流量成正比。即流量与频率的关系为

$$Q=f/k$$

式中：$Q$ ——体积流量（$m^3/s$）；
$f$ ——结线圈感应出的脉冲信号频率（1/s）；
$K$ ——流量计常数（$1/m^3$），与传感器结构和流体性质相关。

## 三、实验设备

实验设备主要有实验主控台、JCY-3 液位流量检测装置、固定电压源、

频率/转速表、电源适配器 24 V/2 A 等。

本实验采用 LWGY 型涡轮流量传感器，结构如图 1 所示。

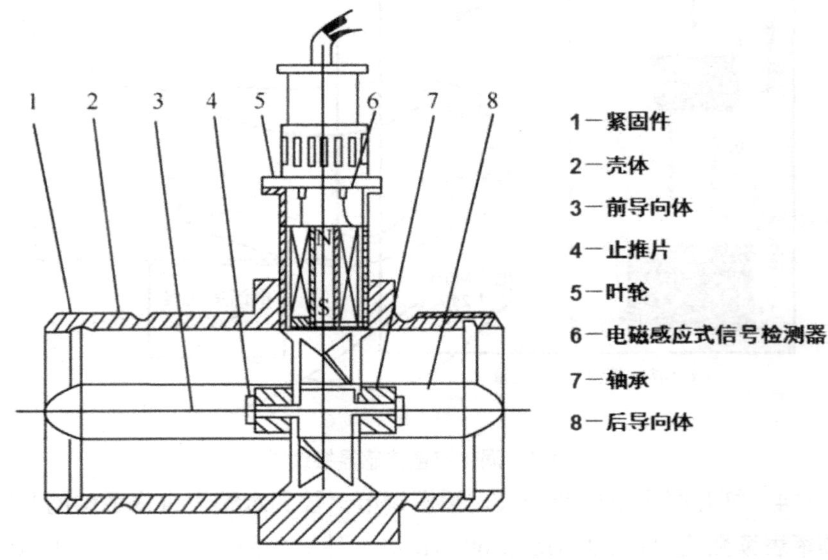


图 1　涡轮流量传感器结构示意图

## 四、实验步骤及记录

1.实验步骤

各部分接线如图 2 所示。

（1）将 JCY-3 液位流量检测装置机箱内的“被测水箱”出水阀门 $V_1$ 打开（竖向为开，横向为关），将进水手阀打开（横向为开，竖向为关）。

（2）打开主控台电源，将 JCY-3 液位流量检测装置“传感器电源+5 V”正负极接至主控台上“固定电压源+5 V”的正负极上；将“LF”正负极输出接至频率/转速表（选择频率）正负极上。

（3）将“电源适配器+24 V/2A”正负极输出接至 JCY-3 液位流量检测装置“电机 M 电源”正负极相应端口上，电机开始运转向被测水箱注水。

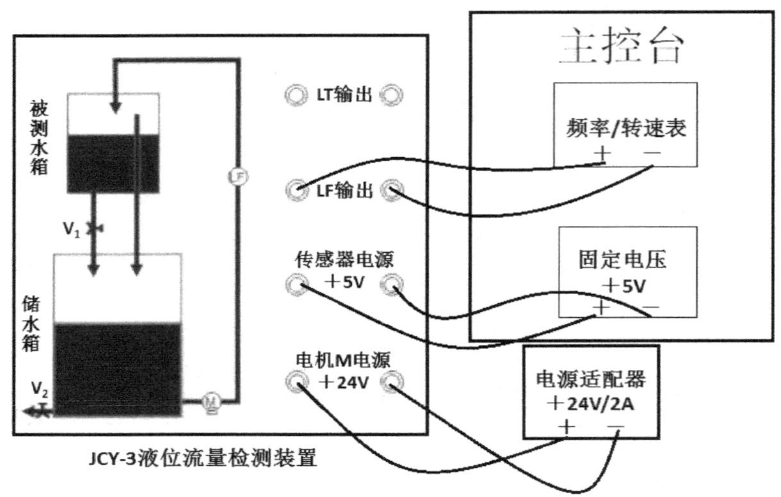


**图 2　涡轮流量传感器接线图**

（4）打开固定电压源开关，缓慢调节“被测水箱”进水手阀的开度，使频率表读数稳定在 500 Hz 或 600 Hz 处，然后关闭“被测水箱”出水阀门 $V_1$，此时水箱水位开始上升，待升高到指定刻度 20 mm 时，开始计时，直到水位升高到另一刻度 140 mm，记下所用的时间。

（5）打开“被测水箱”出水阀门 $V_1$，使“被测水箱”内的水流回“储水箱”中。

（6）重复步骤（3）、（4）、（5），改变“被测水箱”进水手阀的开度，使频率表读数减少 50 Hz，记录此频率下被测水箱水位由 20 mm 刻度升至 140 mm 刻度所用的时间，并填入表 1 中。以此类推，把表中数据做完为止。

（7）实验结束后，关闭实验台电源，整理好实验设备。

2.原始数据记录

**表 1　频率时间记录表**

| 频率 $f$ / Hz | | | | | | | | |
|---|---|---|---|---|---|---|---|---|
| 时间 $t$/s | | | | | | | | |

## 五、实验报告内容

（1）简述涡轮流量传感器测量流量的原理。

（2）填写数据记录表。

（3）已知被测水箱内部净高度为 180 mm，净容积为 2.8 L，根据记录表所列数据，计算涡轮流量传感器输出频率对应的流量 $Q$（$m^3/h$）。

（4）用最小二乘法线性拟合出传感器的 $Q$（$m^3/h$）- $f$（Hz）曲线，并计算其灵敏度 $S$ 和线性度 $\delta$。

# 实验十二　热电阻温度特性实验

## 一、实验目的

（1）熟悉常用热电阻的类型、结构特点及应用；
（2）学习理解热电阻的工作原理和特性；
（3）掌握铂和铜热电阻的工作特性。

## 二、实验原理

利用导体电阻随温度变化的特性，热电阻用于测量时，要求其材料的电阻温度系数大，稳定性好，电阻率高，电阻与温度之间最好有线性关系。当温度变化时，感温元件的电阻值随温度而变化，这样就可将变化的电阻值通过测量电路转换为电信号，即可得到被测温度。

## 三、实验设备

实验设备主要有 THSRZ-2 型传感器系统装置、智能调节仪、PT100（2只）、温度源、温度传感器实验模块、铜热电阻 Cu50、±15 V 电源、数显单元和线缆等。实验系统如图 1 所示。

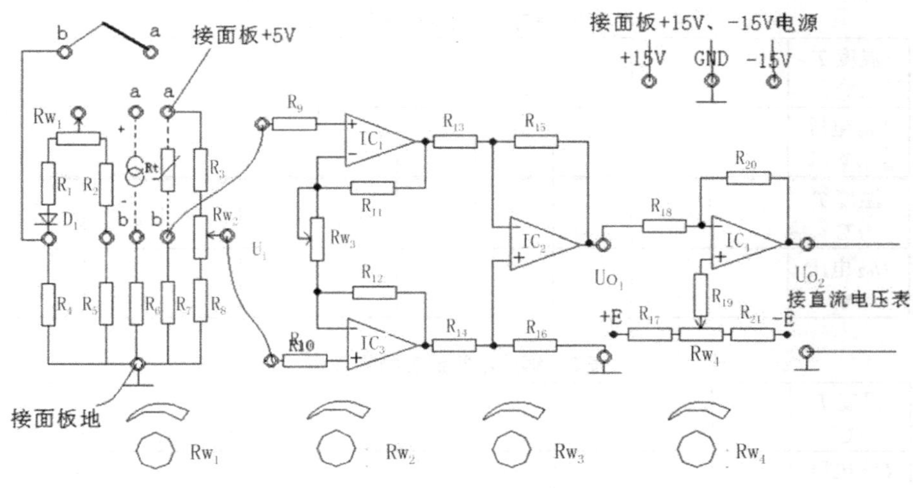


图 1　实验系统连接示意图

## 四、实验步骤及记录

（1）合理设置温度控制模块参数，将温度源控制在 50 ℃，在另一个温度传感器插孔中插入另一只铂热电阻温度传感器 PT100。

（2）将±15 V 直流稳压电源接至温度传感器实验模块。温度传感器实验模块的输出 $U_{o2}$ 接实验台直流电压表。

（3）将温度传感器模块上差动放大器的输入端 $U_i$ 短接，调节电位器 $R_{w4}$ 使直流电压表显示为零。

（4）按图 1 接线，并将 PT100 的 3 根引线插入温度传感器实验模块中 $R_t$ 的两端（其中颜色相同的两个接线端是短路的）。

（5）拿掉短路线，将 $R_6$ 两端接到差动放大器的输入 $U_i$，记下模块输出 $U_{o2}$ 的电压值，热电阻分度表见附录 A。

（6）改变温度源的温度，每隔 5 ℃ 记下 $U_{o2}$ 的输出值，直到温度升至 120 ℃，并将实验结果填入表 1 中。

（7）重复步骤（1）—（6），对铜热电阻进行实验，并将实验结果填入表 2 中。

表 1　铂热电阻温度特性数据

| 温度 $T$ /℃ | | | | | | | | | | |
|---|---|---|---|---|---|---|---|---|---|---|
| $U_{o2}$ 电压 /V | | | | | | | | | | |
| 温度 $T$ /℃ | | | | | | | | | | |
| $U_{o2}$ 电压 /V | | | | | | | | | | |

表 2　铜热电阻温度特性数据

| 温度 $T$ /℃ | | | | | | | | | | |
|---|---|---|---|---|---|---|---|---|---|---|
| $U_{o2}$ 电压 /V | | | | | | | | | | |
| 温度 $T$ /℃ | | | | | | | | | | |
| $U_{o2}$ 电压 /V | | | | | | | | | | |

## 五、实验报告内容

（1）简述热电阻的工作原理和铂热电阻、铜热电阻的特点。

（2）填写记录实验数据到表 1 和表 2 中。

（3）根据实验数据，绘出 $U_{o2}$-$T$ 曲线，分析铂热电阻、铜热电阻的温度特性曲线，计算其非线性误差。

# 实验十三　热电偶测温实验

## 一、实验目的

（1）熟悉常用标准热电偶的分度号及结构特点；

（2）学习理解热电偶原理和工作特性；

（3）掌握热电偶测温方法和热电偶分度表查阅使用方法；

（4）掌握热电偶的校验方法。

## 二、实验原理

如图 1 所示，当把两种不同材料的导体或半导体 A、B 两端连接在一起组成闭合回路，并使两端处于不同温度环境时，在回路中会产生热电动势而形成电流，这一现象称为热电效应。这样的两种不同导体的组合称为热电偶，导体 A、B 称为热电极，置于被测温度 $T$ 的一端称为工作端（热端），另一端 $T_0$ 称为参考端（冷端）。热电偶测量的是工作端与参考端之间的温度差，必须保证参考端温度为 0 ℃，才能利用热电偶分度表查得热电势对应的温度，而实际测量时，环境温度 $T_0$ 不为 0。对此，有如下关系式：

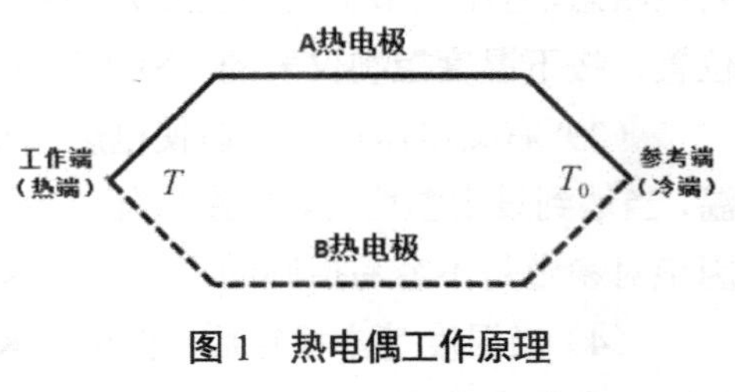


图 1　热电偶工作原理

$$E(T,0)= E(T, T_0)+ E(T_0, 0)$$

式中：$(T,0)$——测量端温度为 $T$，参考端为 0 ℃时的热电势；

$(T, T_0)$——测量端温度为 $T$，参考端为 $T_0$ 时的热电势；

$(T_0, 0)$——测量端温度为 $T_0$，参考端为 0 ℃时的热电势。

本实验采用比较法对被测热电偶进行测温校验，方法是以标准热电偶和被校热电偶测量同一稳定对象的温度来进行的。本实验采用高温专用管式电炉作为被控对象，用温控器使电炉温度自动稳定在预定值上。通过实验得出被校热电偶的热电特性，即得出热电偶冷端处于 0 ℃时热电偶热端温度与输出热电势之间的关系曲线。

## 三、实验设备

实验设备主要有高保温专用管式电炉、标准 K 型热电偶、被校 K 型热电偶、数显温度指示调节仪、万用表（电位差计）、温度计、湿度计、秒表等。该热电偶校验装置可供热电偶在不大于 600 ℃低温区检定使用，管式炉设有上极限温度恒定断电保护装置。该实验装置应在周围无强磁场、温度为 10～35 ℃、相对湿度≤85%的环境中使用。

## 四、实验步骤及记录

（1）将热电偶装置电源插头与供电插座连接，将标准K型热电偶和被校K型热电偶置于管式电炉内中央位置，并将它们的另一端正负极分别接入标准和检 1 正负接线柱上。

（2）检查仪表箱面板上各开关的初始状态：把电源开关扳向下方，呈断电状态，电压调节旋钮旋至左方（零位）后，将装置电源拨动开关拨至“ON”位置，按下温度控制仪表的“SET”按键，设置初始加热温度为 50 ℃。

（3）右旋电压调节旋钮使电炉加热电压显示为 40 V，炉体开始预热升温，当达到设定温度时，装置会自动跳闸停止炉体加热，保持炉体温度恒定，因绝对稳定是不容易控制的，应在基本稳定的条件下快速测定。

（4）当温度基本稳定后，将标准 K 型热电偶和被校 K 型热电偶对应的热电势和温度分别记录下来填入表 1 中。由于在读数过程中电炉的温度会有微小变化，因此一个温度校验点的读数不能只进行一次，通常需反复读 5 次。先读标准热电偶的热电势和温度，后读被校热电偶的热电势和温度，交替进行。在整个读数过程中，热电偶热端的温度（即炉温）变化不应超过 5 ℃，且每分钟温度变化不超过 0.2 ℃。

（5）记录下一个温度校验点的读数后，调整设置温度控制器，使炉温升高到第二个温度点，进行第二个温度校验点的校验。本实验的测温范围为50～250 ℃，均匀取5个校验点。

（6）实验结束后，关闭实验台电源，整理好实验设备。

**表1　数据记录**

| 室温（$T_0$）： | | ℃ | | 大气压力： | | | kPa | | 相对湿度： | | | % | |
|---|---|---|---|---|---|---|---|---|---|---|---|---|---|
| 校验温度 | | 标准热电偶 | | | | | | 被校热电偶 | | | | | |
| | | 1 | 2 | 3 | 4 | 5 | 平均 | 1 | 2 | 3 | 4 | 5 | 平均 |
| 50 ℃ | mV | | | | | | | | | | | | |
| | （℃） | | | | | | | | | | | | |
| 100 ℃ | mV | | | | | | | | | | | | |
| | （℃） | | | | | | | | | | | | |
| 150 ℃ | mV | | | | | | | | | | | | |
| | （℃） | | | | | | | | | | | | |
| 200 ℃ | mV | | | | | | | | | | | | |
| | （℃） | | | | | | | | | | | | |
| 250 ℃ | mV | | | | | | | | | | | | |
| | （℃） | | | | | | | | | | | | |

## 五、实验报告内容

（1）常用标准热电偶有几种？试简述其分度号及其应用特点。

（2）填写记录实验数据到表1中。

（3）由实验记录数据，利用热电偶分度表（见附录B）查出$E(T_0, 0)$，计算出$E(T, 0)$，完成表2。

**表2　数据记录**

| | 1 | 2 | 3 | 4 | 5 |
|---|---|---|---|---|---|
| 被校验热电偶热电势/mV | | | | | |
| 标准热电偶温度/℃ | | | | | |
| 备注：被校热电偶热电势终值=被校热电偶热电势+ $E(T_0, 0)$；标准热电偶温度=标准热电偶热电势终值查分度表插值得到的温度。 | | | | | |

（4）绘制冷端处于 0 ℃时标准热电偶和被校热电偶热端温度与输出热电势之间的关系曲线。

（5）冷端温度补偿一般可采用哪些方法？

# 综合应用实验

# 实验十四　单自由度系统自由衰减振动实验

## 一、实验目的

掌握用衰减法测量单自由度系统振动参数的方法，通过计算机记录单自由度系统自由衰减振动的衰减曲线，并对曲线进行时域分析，确定其振动频率、周期、固有频率、衰减系数、相对阻尼系数等参数。

## 二、实验原理

系统的固有频率是指系统无阻尼时自由振动的频率，即 $f_n=\frac{\omega_n}{2\pi}=\frac{1}{2\pi}\sqrt{\frac{k}{m}}$ 。单自由度质量－弹簧－阻尼系统，当受初始扰动后，其自由振动可由位移振幅随时间的衰减曲线来表示。在曲线上可直接测量并计算出衰减的周期 $T_d$、衰减系数 $n$ 、相对阻尼系数（阻尼比）$\zeta$，计算公式如下：

$$f_n=\frac{1}{T_d}\frac{1}{\sqrt{1-\zeta^2}}$$

## 三、实验设备

实验设备主要有单自由度质量－弹簧－阻尼系统、位移测量仪、YE6251实验系统、电涡流式传感器、计算机等。

实验系统示意图如图 1 所示。

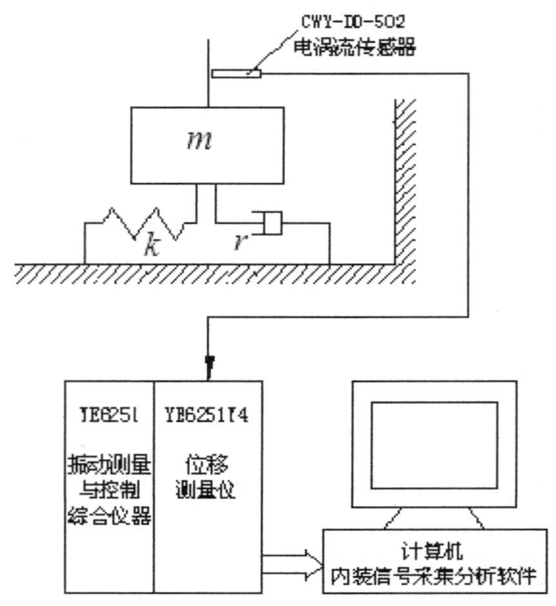


图 1　实验系统连接示意图

## 四、实验步骤及记录

1.实验步骤

（1）将计算机开机，双击桌面“YE6251 教学装置”图标，登录。

（2）打开振动力学实验仪电源开关。

（3）实验前确保电涡流传感器端面距离铝合金块测试平面约 1 mm。

（4）选择当前实验项目，打开一个时间波形观察视图，点击设备连接按钮和采集按钮。

（5）按一下位移测量仪上的“ZERO”按钮，进行位移测量的初始化。

（6）用手快速捏压两质量块，使其产生初始位移，采集一段信号，直接量取振动周期，用以下公式计算振动频率、固有频率、衰减系数、相对阻尼系数等参数。

1）衰减振动频率 $f_d = \dfrac{1}{T_d}$；

2）衰减振动圆频率 $\omega_d = 2\pi f_d$；

3）对数衰减比 $\delta = \ln \frac{A_1}{A_3}$，

其中：$A_1$ 和 $A_3$ 分别是衰减曲线相邻峰值；

4）衰减系数 $n = \frac{\delta}{T_d}$；

5）固有圆频率 $\omega_n = \sqrt{\omega_d^2 + n^2}$；

6）固有频率 $f_n = \frac{\omega_n}{2\pi}$；

7）相对阻尼系数 $\zeta = \frac{n}{\omega_n}$。

2. 原始数据记录

**表 1　衰减曲线数据记录表**

| 周期数 | 时间差<br>$\Delta t$/s | 平均周期<br>$T_d$/s | $A_1$/μm | $A_3$/μm |
|---|---|---|---|---|
| | | | | |

## 五、实验报告内容

（1）简述测量单自由度系统自由衰减振动的振动频率、周期、固有频率、衰减系数、相对阻尼系数等参数的方法和步骤。

（2）画出观察到的波形。现场用计算机确定出 $T_d$、$A_1$ 和 $A_3$。

（3）计算系统的振动频率、衰减系数、固有频率、相对阻尼系数等参数。

## 六、注意事项

（1）计算周期时，为准确起见，可以多算几个周期进行平均。

（2）让质量块自由衰减时所给的力应对准质量块的中心位置，否则波形可能畸变。

# 实验十五　简支梁振动实验

## 一、实验目的

掌握测振方法，测定简支梁系统强迫振动的前三阶固有频率和单点幅频响应曲线。

## 二、实验原理

信号发生器为激振器提供激振信号（圆频率），激振器对简支梁进行激振，振动加速度传感器将振动信号传输给测振仪，测振仪对振动加速度信号进行二次积分变换成振动位移信号，并放大显示。

当 $\zeta<1$ 时，多阶系统有共振现象，改变激振信号频率，同时测试系统的振幅，当系统的振幅达到最大时，此时对应的频率为系统共振频率。

## 三、实验设备

实验设备主要有简支梁强迫振动系统、电动式激振器、扫频信号发生器、功率放大器、阻抗头、压电式加速度传感器、加速度测量仪等。实验系统连接示意图如图 1 所示。

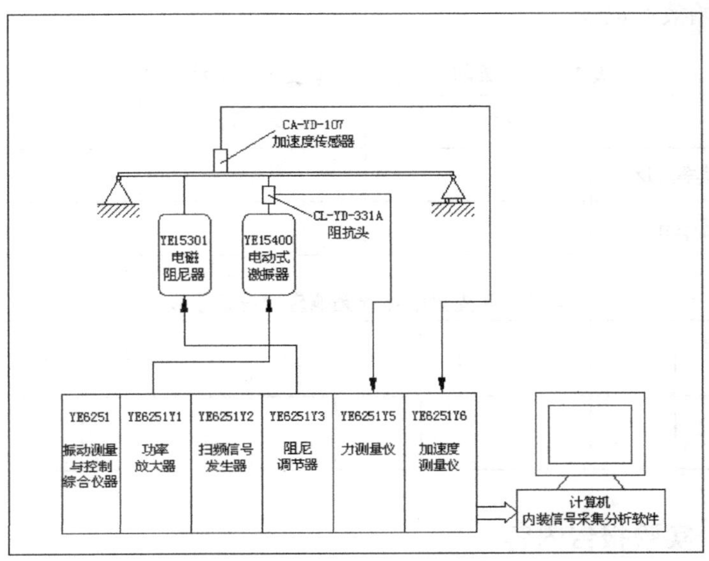


**图 1　实验系统连接示意图**

## 四、实验步骤及记录

1.实验步骤

（1）打开 YE6251 设备开关，将功放面板的“输入选择”置于 INT 位置，调节功率放大器旋钮使激振器激振电流在 150 mA 左右，将扫频信号发生器的频率旋钮逆时针旋转到最小位置。

（2）阻抗头上加速度传感器和测力传感器分别接加速度测量仪（设为加速度二次积分得到振动位移）和力测量仪。简支梁上另一加速度传感器接另一加速度测量仪并设增益为×100；振动位移有效值线性输出。

（3）缓慢旋转信号发生器频率旋钮改变激振频率，当加速度测量仪在增大过程中到出现极值点时，为简支梁的第一阶共振，同时记录第一阶共振频率及对应的振动位移；按同样的操作方法使简支梁发生第二阶、第三阶共振，记录共振频率和振动位移。

（4）旋转信号发生器频率旋钮改变激振频率，使频率值在 15～95 Hz 范围内改变，每增加 10 Hz，记录简支梁中点处的振动位移值。

2.原始数据记录

表 1　简支梁前三阶共振频率及振动位移记录表

| | 第一阶 | 第二阶 | 第三阶 |
|---|---|---|---|
| 共振频率/Hz | | | |
| 振幅/μm | | | |

表 2　简支梁中点幅频响应数据记录表

| 激励频率/Hz | 15 | 25 | 35 | 45 | 55 | 65 | 75 | 85 | 95 |
|---|---|---|---|---|---|---|---|---|---|
| 振幅/μm | | | | | | | | | |

## 五、实验报告内容

（1）简述测量简支梁系统的强迫振动系统前三阶共振频率的方法和步骤。

（2）填写数据记录表。

（3）画出频率在 15～95 Hz 间的幅频特性曲线。

# 实验十六　不同边界约束条件下简单结构动力参数识别实验

## 一、实验目的

（1）熟悉实验装置的构成、功能和特点；
（2）学习力锤冲击法测试结构动力参数的原理和方法；
（3）理解影响结构动力特性参数的内外在条件和因素。

## 二、实验原理

梁是一种基本的结构元件或构件，主要将施加在其上的荷载沿轴线传递给其支撑物，如墙、柱、基础等，其变形模式主要通过弯曲实现。梁传统上是对建筑或土木工程结构元素的描述，然而，包括汽车框架、平面部件、系统框架和其他机械结构在内的任何系统都具有设计成支撑横向的梁系统。梁有不同的类型，根据提供的支撑类型可分为简支梁、固支梁、悬臂梁、自由梁和一端固定另一端简单支撑的梁，如图 1 所示。在本实验中，采用力锤冲击法测试了不同类型梁的动态参数，研究了不同支撑形式和支撑力荷载对动态参数的影响。

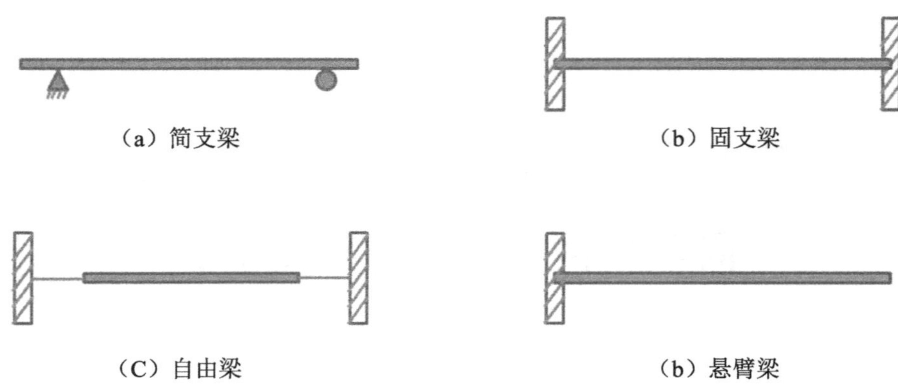

（a）简支梁　　（b）固支梁

（C）自由梁　　（b）悬臂梁

**图 1　梁的类型示意图**

结构动力参数识别是结构动态设计及设备故障诊断的重要方法，在工程上有广泛的应用。而力锤冲击激励法的结构参数识别是实验方法中最常见的一种，它是利用力锤对结构表面施加脉冲激振力来分析结构振动响应与脉冲激振力之间的相关性和传递函数，采用一定的参数识别方法，从而求解结构的动力参数（频率、阻尼和振形）的实验方法。其综合运用线性振动理论、动态测试技术、数字信号处理技术进行系统识别，具有操作简便、成本低、经济效益高等优点。

## 三、实验设备

实验设备主要有YE15000振动实验台、YE6251振动实验仪及软件；CA-YD-107压电加速度传感器、LC-01A冲击力锤和力传感器、数显扭力扳手、计算机、线缆等。实验系统示意图如图2所示。

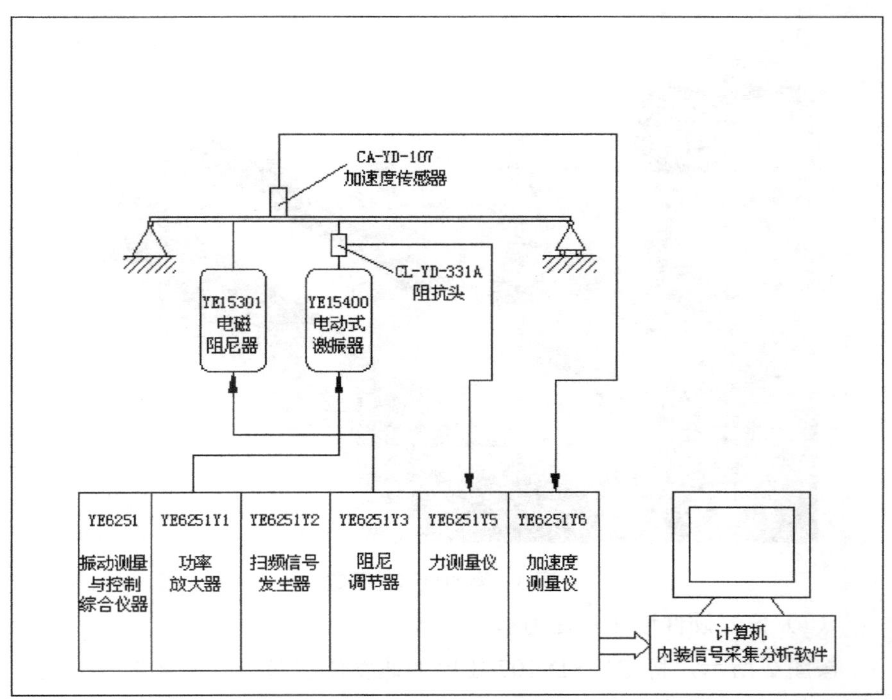


**图 2　实验系统连接示意图**

## 四、实验步骤及记录

1.实验步骤

在 YE15000 振动实验台组装简支梁，简支梁两端的固定螺钉施加 30 kg·cm 的扭力（实验设置以简支梁为例，其他形式梁的实验组装和设置类似，如图 3 所示）。

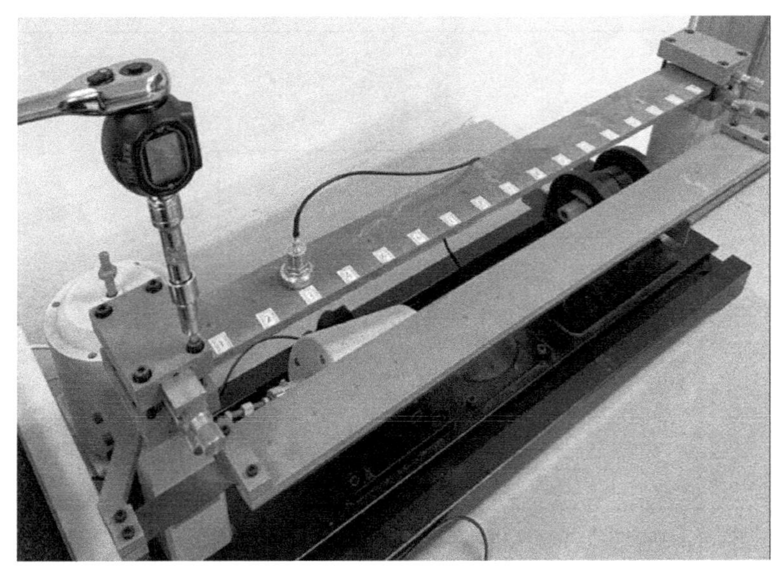

**图 3　梁的组装与固定**

（1）仪器硬件连接及通道参数设置。

按图 2 所示，将 CA-YD-107 压电加速度传感器布置在梁 3 号拾振点，力锤安装上尼龙锤帽，用线缆分别将它们连接到测试仪的 Y5 通道（力测试仪）和 Y 通道（加速度测试仪）电荷输入通道上。各通道参数设置如下：

1） YE6251Y5 力测试仪设置

增益（GAIN）：×10

滤波（LPF）：1kHz

检波方式（DETECTOR）：RMS

灵敏度（SENS）：2.88

2） YE6251Y6 加速度测试仪设置

增益（GAIN）：×10

积分方式（INTEGRAL）：$m/s^2$

检波方式（DETECTOR）：RMS

滤波（LPF）：1kHz

灵敏度（SENS）：5.81

（2）打开测试设备电源开关，设置测量参数如图 4 所示。

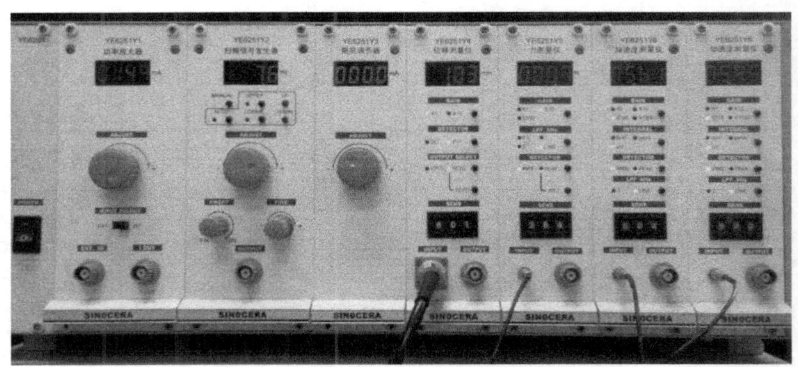


图 4　设备电源与参数设置

（3）双击电脑桌面上的 YE6251 软件，并输入实验相关信息，如图 5 和图 6 所示。

图 5　打开软件

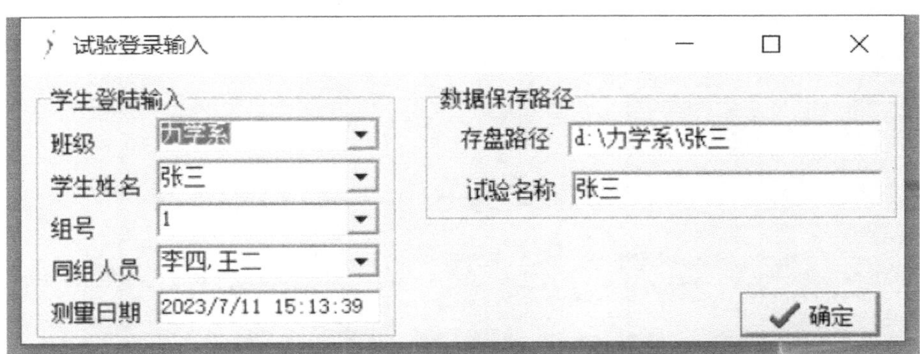


图 6　输入实验相关信息

（4）根据实验类型选择相应的实验项目，如图 7 所示。

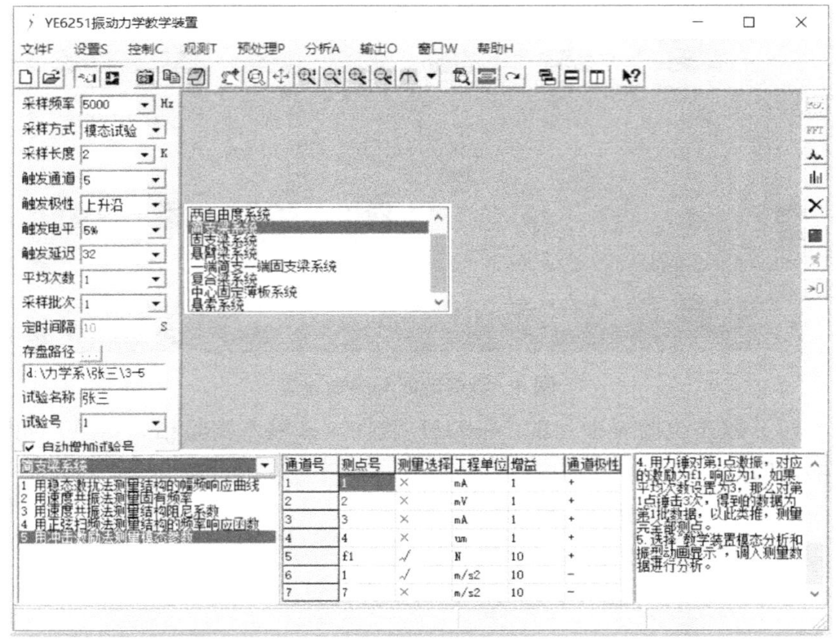

图 7　选择相应的实验项目

（5）设置实验采集参数，如图 8 所示。

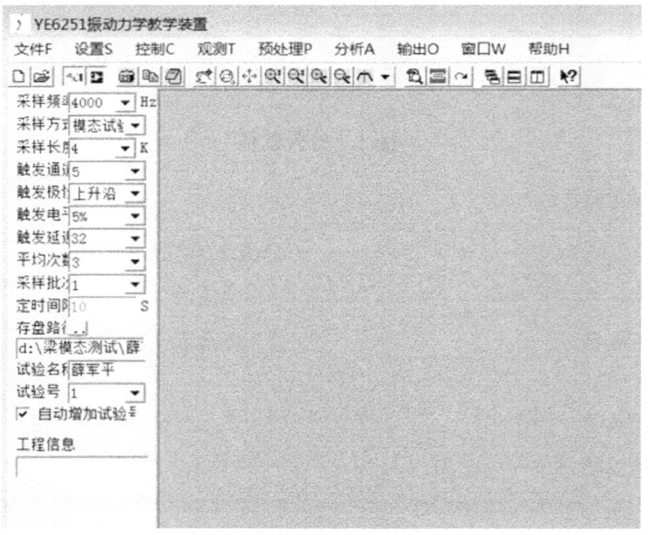

图 8　设置采集参数

（6）梁几何建模和测点确定如图 9 所示。

图 9　简支梁几何模型和测点

（7）创建观察视图，如图 10 所示。

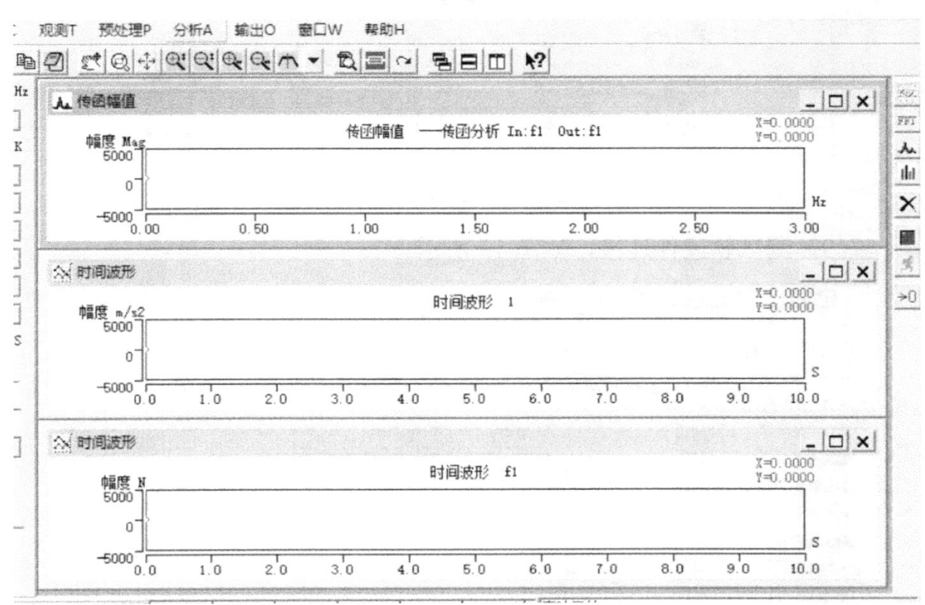


图 10　建立视图窗口

（8）设置传函信号显示参数，如图 11 和图 12 所示。

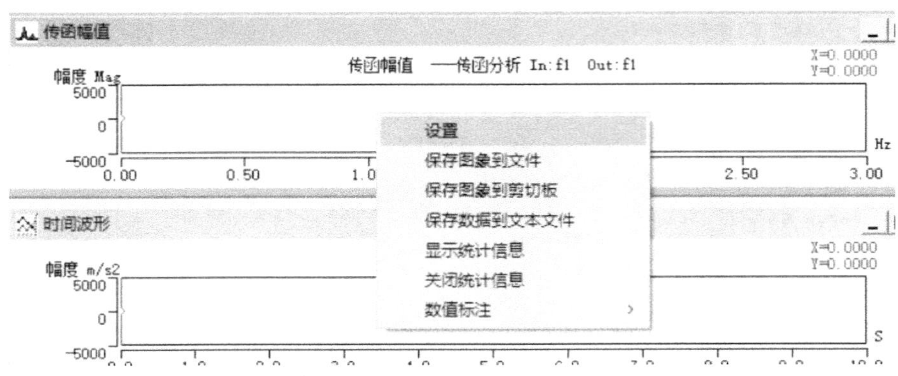


图 11 传函视图窗口

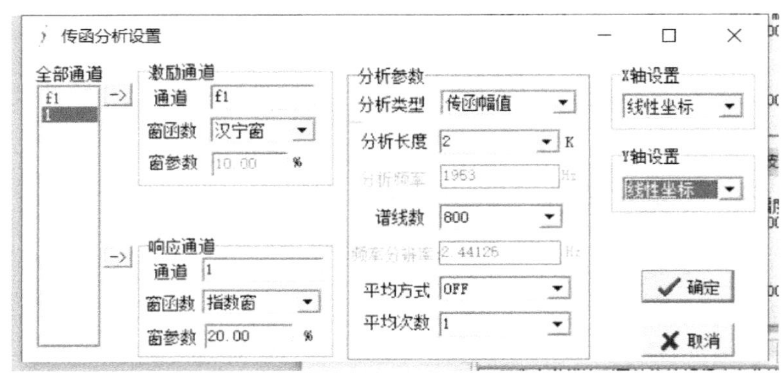


图 12 传函显示设置

（9）测试软硬件连接，如图 13 所示。

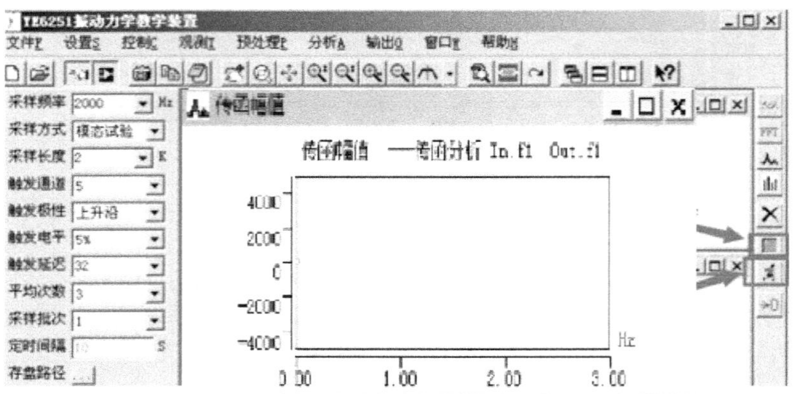


图 13 连通设备

（10）测试数据采集。

采用单点拾振法，按划分的测点号用力锤依次从 1 号至 17 号敲击各测点，每个点敲击 3 次，若 3 次敲击的测试数据都无异常，就点击确认接受本点测试数据；反之，则要检查仪器连接是否正确，导线是否接通，传感器、仪器工作是否正常，直至波形正确为止，如图 14 和图 15 所示。

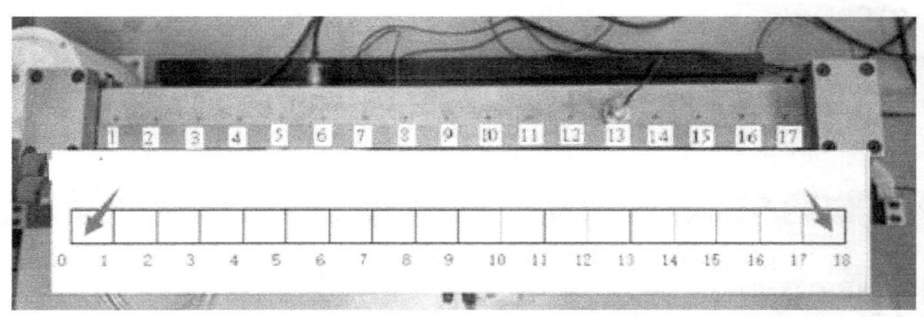


**图 14　测点的划分**

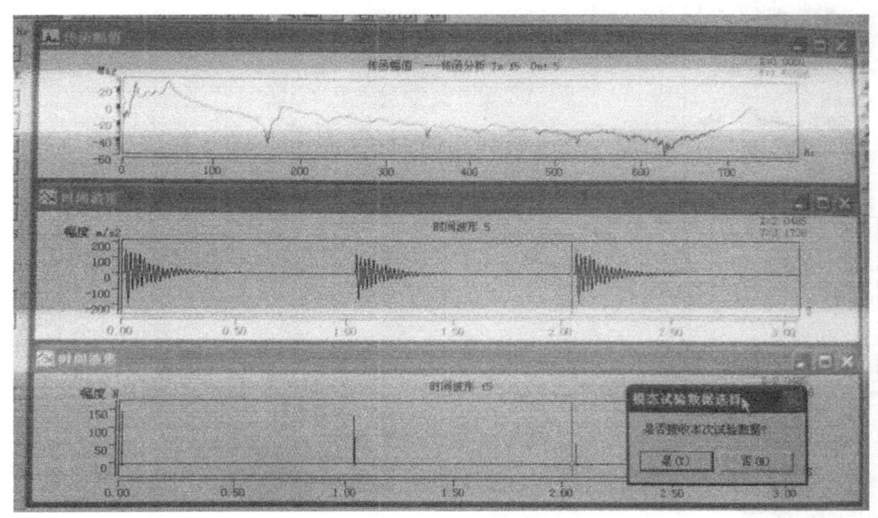

**图 15　测试数据确认**

（11）简支梁结构动力参数识别分析。

测试采集数据完成后，用鼠标点击“分析”菜单项，选择“教学装置模态分析及振型动画显示”项，如图 16 所示；调出分析界面，如图 17 所示。

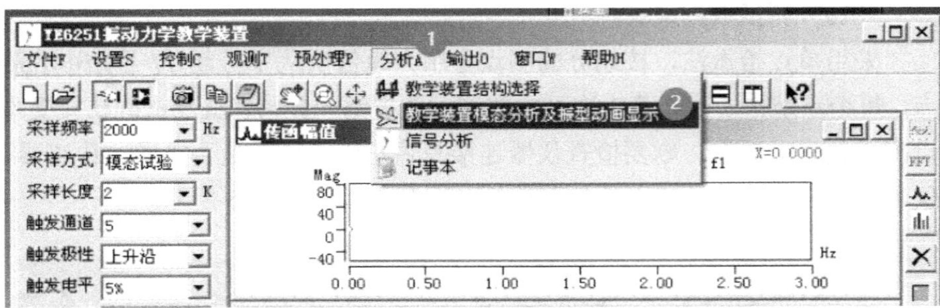


图 16 点击分析菜单项

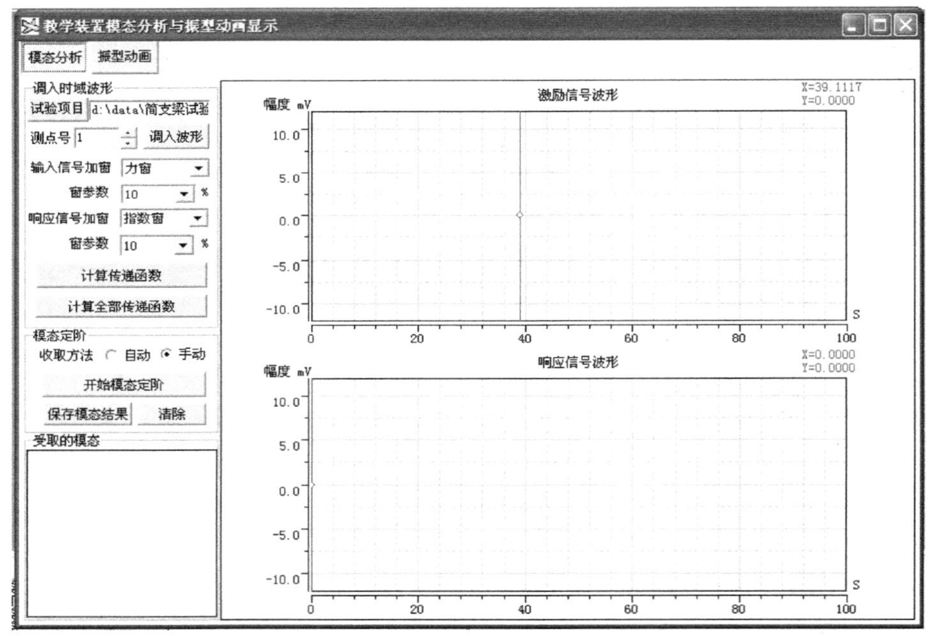


图 17 调出分析界面

（12）打开“试验项目”，选择实验数据所在的目录，调入测试数据，如图 18 所示。

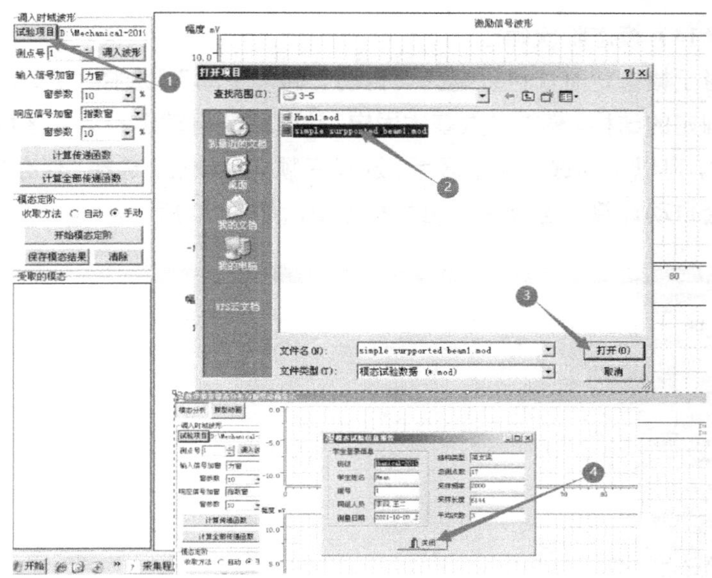


**图 18　调入分析数据**

（13）调入某测点的时域波形，并对力锤信号加力窗，对响应信号加指数窗，计算某点的传递函数，计算全部传递函数，如图 19 所示。

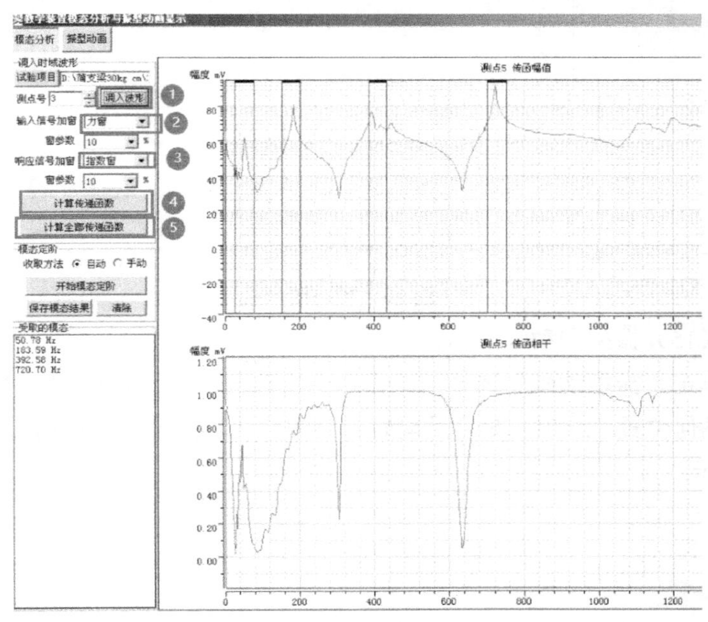


**图 19　传递函数计算**

（14）模态阶次确定。

对于模态定阶，可以选择“自动”和“手动”，选择“自动”时，对于某一固定的结构，模态参数基本固定，这时系统自动选择频率区域；选择“手动”时，可以手动选择频率区域。选择好频率区域后，选择“保存模态结果”，系统会自动计算模态频率、阻尼和振型，如图 20 所示。

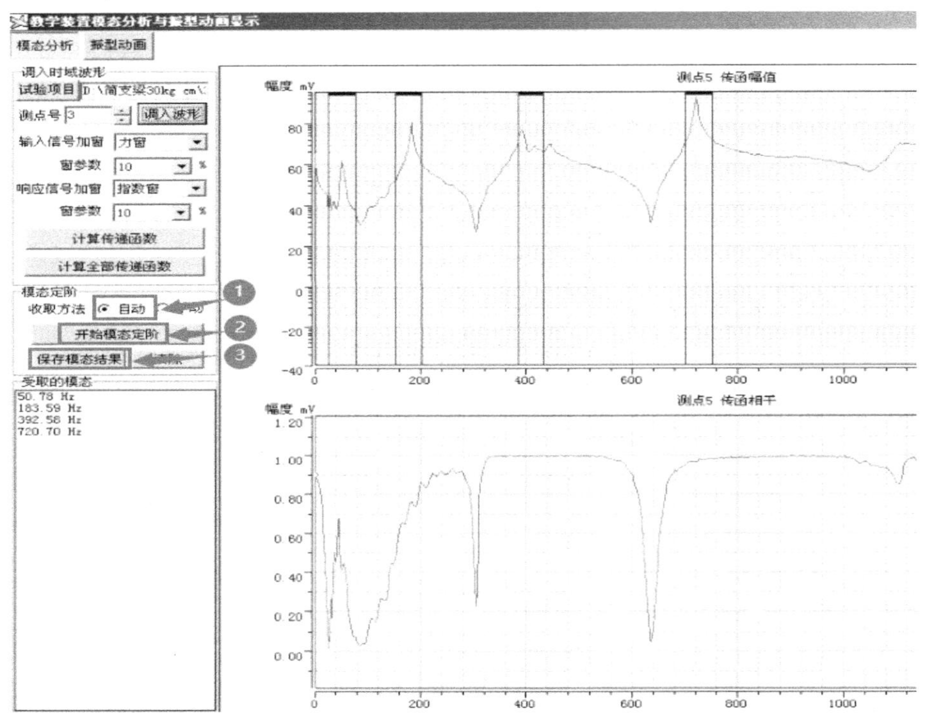


**图 20 模态阶次确定**

（15）振型和动画显示。

单击“振型动画”选择项，再点击“动画”，合理调节“振幅”“速度”和“几何位置”选项，即可呈现简支梁的前 4 阶振型动画和动力参数，如图 21 所示。

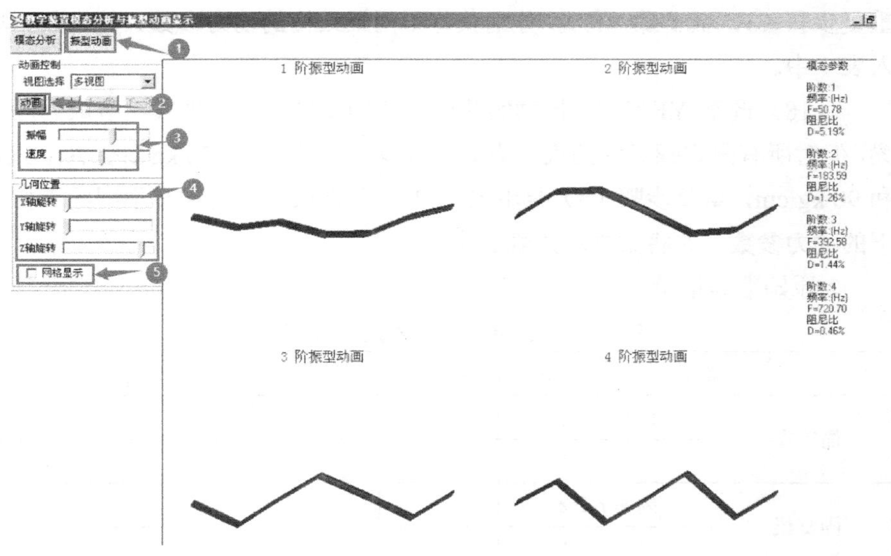


**图 21　模态振型动画显示**

（16）获取动力参数识别结果如图 22 所示。

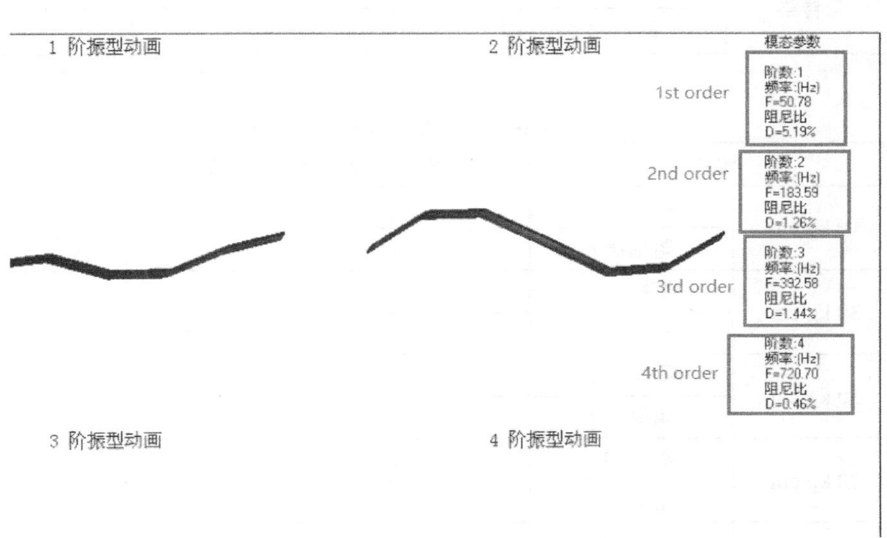


**图 22　简支梁结构前 4 阶动力参数**

（17）改变 YE15000 振动实验台滑块的支撑方式，把其分别组装成为固支梁、自由梁和悬臂梁，保持每种梁的固定螺钉 30 kg·cm 的扭力不变，重复步骤（3）至步骤（17），分别获得不同梁结构的动力参数，并将数据填入表 1 中。

（18）调整 YE15000 振动实验台滑块的支撑方式，把其组装成为固支梁，但对所有固定螺钉的约束扭力分别改变成 10 kg·cm、50 kg·cm、70 kg·cm 和 90 kg·cm，重复步骤（3）至步骤（17），分别获得固支梁在不同约束扭力下的动力参数，并将数据填入表 2 中。

2.原始数据记录

**表 1　不同约束形式的梁动力参数记录表**

| 阶数 | | 第 1 阶 | 第 2 阶 | 第 3 阶 | 第 4 阶 |
|---|---|---|---|---|---|
| 简支梁 | 频率 $f$/Hz | | | | |
| | 阻尼比 $\zeta$ | | | | |
| 固支梁 | 频率 $f$/Hz | | | | |
| | 阻尼比 $\zeta$ | | | | |
| 自由梁 | 频率 $f$/Hz | | | | |
| | 阻尼比 $\zeta$ | | | | |
| 悬臂梁 | 频率 $f$/Hz | | | | |
| | 阻尼比 $\zeta$ | | | | |

**表 2　简支梁中点幅频响应数据记录表**

| 阶数 | | 第 1 阶 | 第 2 阶 | 第 3 阶 | 第 4 阶 |
|---|---|---|---|---|---|
| 10 kg·cm | 频率 $f$/Hz | | | | |
| | 阻尼比 $\zeta$ | | | | |
| 30 kg·cm | 频率 $f$/Hz | | | | |
| | 阻尼比 $\zeta$ | | | | |
| 50 kg·cm | 频率 $f$/Hz | | | | |
| | 阻尼比 $\zeta$ | | | | |
| 70 kg·cm | 频率 $f$/Hz | | | | |
| | 阻尼比 $\zeta$ | | | | |
| 90 kg·cm | 频率 $f$/Hz | | | | |
| | 阻尼比 $\zeta$ | | | | |

## 五、实验报告内容

（1）简述实验原理。

（2）结构动力参数识别的方法有哪些？实验中如何确定激励点和测振点？

（3）填写表 1 和表 2 内的参数数据。

（4）画出不同类型梁的各阶模态振形图。

（5）绘制不同类型梁的各阶频率对比曲线，根据对比曲线得出结论。

（6）绘制固支梁在不同约束力矩下的各阶频率对比曲线，根据对比曲线得出结论。

# 实验十七　静态、动态电阻应变测量实验

## 一、实验目的

掌握电阻应变测试方法，测定悬臂梁上表面纵向的静态及动态应变值。

## 二、实验原理

在悬臂梁悬空端加静载后，悬臂梁的上表面存在纵向的拉应力，由粘贴其上的应变片（工作片，其应变片敏感方向与测点主应力方向一致）将应变转化为电阻变化量传输给应变仪，得到相应的静态应变量。在悬臂梁悬空端加动载后，由动态应变仪及记录仪得到相应的动态应变量。用另一与工作片相同的应变片，将其贴在不受力并与悬臂梁相同的材料上，使该材料与悬臂梁处于同一个温度环境下，该应变片连接到工作片所在臂的相邻臂位置，作为温度补偿片。

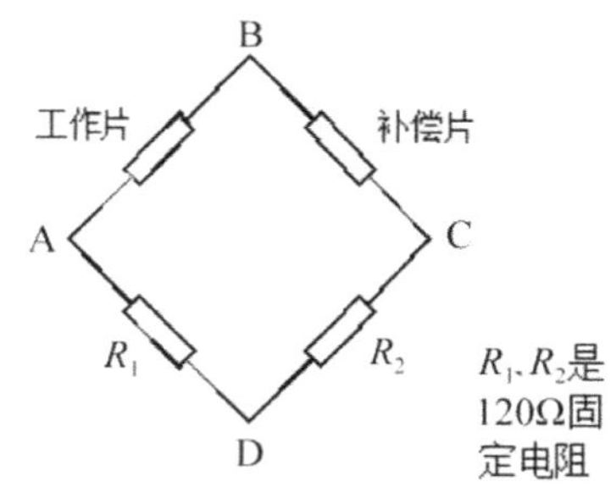


## 三、实验设备

实验设备主要有动态应变仪、记录仪、贴好应变片的等强度悬臂梁和温度补偿块。

## 四、实验步骤及记录

1.实验步骤

（1）用材料力学方法，分析悬臂梁悬空端加静载后在悬臂梁的上表面存在的应力分布状况，确定主应力方向。

（2）静态电阻应变测量。

1）应变仪的操作步骤：打开电源开关，按下基零按钮，调节基零电位器，使显示为零，释放基零按钮。按下衰减按钮，逐步减少衰减倍数，同时调节电容和电阻平衡，使显示为零。打开标定开关到 200 με 挡，调节灵敏度旋钮，使显示为 200 με，关闭标定开关。

2）在悬臂梁悬空端加载，每增加 1 kg，记录 1 个数据，满 5 kg 后减载，每减 1 kg 记录一个数据。

（3）动态电阻应变测量。

记录中线、±标定波（200 με）、静载值。使悬臂梁产生振动，同时记录下动态应变值，再记录中线。

2.原始数据记录

**表 1　静态应变数据记录表**

| 载荷 /kg | | 0 | 1 | 2 | 3 | 4 | 5 |
|---|---|---|---|---|---|---|---|
| 应变值 /με | 加载 | | | | | | |
| | 减载 | | | | | | |

## 五、实验报告内容

（1）简述静态、动态电阻应变测量的方法和步骤。

（2）悬臂梁悬空端加静载后，确定在悬臂梁的上表面存在的应力分布状况。

（3）根据静态电阻应变数据记录，画出加载与减载的静态电阻应变曲线。

（4）粘贴（记录仪记录的曲线原件或复印件）。

（5）在记录纸上标出标定波的应变值，在动态应变曲线上任意标出一点（$X$），由下式计算出该点的应变值：

$$\frac{200}{A}=\frac{X}{B}$$

式中：$A$——标定波在记录纸上的幅度（mm）；

$B$——$X$ 点在记录纸上的幅度（mm）；

$X$——任一点的应变值。

（6）当主应力的方向不能用常规方法确定时，怎样得到测点的主应力的大小和方向？

（7）通过测量应变片敏感方向与测点主应力方向不一致的应变片输出的信号，与应变片敏感方向和测点主应力方向一致的应变片输出的信号进行对比，能得出怎样的结论？

（8）实验体会。

# 实验十八　噪声测量实验

## 一、实验目的

（1）理解有关噪声的基本概念和含义；
（2）了解声环境质量标准相关内容；
（3）掌握声级计的构成及声压级的测量方法。

## 二、实验原理

随着工业的发展和人们生活水平的提高，噪声污染问题已经变得日益突出，噪声污染、水污染与大气污染并称当代的 3 个主要环境问题。一般来讲，凡是妨碍到人们正常休息、学习和工作的声音，以及对人们要听的声音产生干扰的声音，都属于噪声。噪声是发声体做无规则振动时发出的声音。声音是大气压上的压强波动，这个压强波动的大小简称为声压，以 $p$ 表示，其单位是 Pa（帕）。从刚刚可以听到的声音到人们不堪忍受的声音，声压相差数百万倍。显然用声压表达各种不同大小的声音实属不太方便，同时考虑了人耳对声音强弱反应的对数特性，用对数尺度来表示声音时，称为声压级。

声压级的定义为：声压与参考声压之比的常用对数乘以 20，单位是 dB（分贝）。其表达式为

$$L_p = 20\lg\frac{p}{p_0}$$

式中：$p$ 为声压；$p_0$ 是参考声压，它是人耳刚刚可以听到的声音，大小为 20 μPa。

声压级只反映声音的强度对人耳的响度感觉的影响，而不能反映声音频率对响度感觉的影响，因此用频率计权网络来模拟频率对人耳的响度感觉特

性。国家设置了 A、B、C 三种计权网络，其中 A 计权是模拟人耳对 40 方纯音的响应，声压级经 A 计权网络后就得到 A 声级，用 $L_A$ 表示，其单位计作 dB（A）。由于 A 计权声级能够较好地反映人耳对噪声的强度与频率的主观感受，对一个连续的稳态噪声，它是一种较好的评价方法，但对一个起伏的或不连续的噪声，A 计权声级就不合适了。于是提出一个用噪声能量按时间平均的方法来评价噪声对人的影响，即等效连续声级（简称等效声级），它是一个用来表达随时间变化的噪声的等效量，用平均声能来描述瞬时变化的声能。等效连续声级 $L_{Aeq,\ T}$ 计算公式为

$$L_{Aeq,\ T}=10\lg\left(\frac{1}{n}\sum_{i=1}^{n}10^{0.1L_{PAi}}\right)$$

式中：$n$——每个测点的数据个数；

$L_{PAi}$——瞬时 A 声级。

## 三、实验设备

实验设备主要有 TES-1357 声级计、标定器、防风球等。

图 1 所示为本实验所用声级计，适用国际标准 IEC61672-1 和 ANSIS1.4 的要求。其主要技术指标如下：

（1）测量范围：30～130 dB；

（2）频率特性：A 计权、C 计权；

（3）动态特性：快和慢；

（4）最大读值记录功能：MAX；

（5）准确度：±1.0 dB（参考声压 94 dB@1 kHz）；

（6）传声器：1/2 英寸驻极体电容传声器。

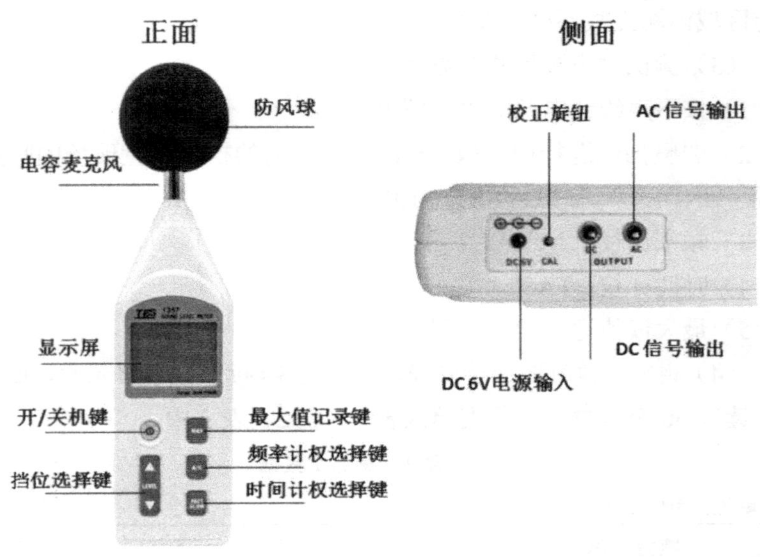


图 1　声级计

## 四、实验步骤及记录

（1）声级计校准标定。

1）按下声级计电源键“开/关机键”，显示屏显示读数，并暖机 30 s。

2）将声级计状态参数设置为如下：

a.频率计权：A；

b.时间计权：FAST；

c.挡位选择：60～110 dB；

d.最大读值记录功能关闭。

3）校准标定时现场要保持安静，噪声小于 80 dB。

4）将声级计麦克风小心地插入标定器中的孔内，记得要插到底，标定器开关拨到 94 dB 挡位上，声级计和标定器保持不动。

5）使用调整棒转动声级计侧面“CAL”校正旋钮，使显示屏读数为 94.0 dB。

6）校准标定完成后关闭声级计和标定器电源开关。

（2）选择测量区域，如教学区、体育场或生活区等，确定测点位置，测定区域内测点数不少于 3 个。

（3）测试时声级计的参数状态设置如下：

1）按下声级计电源键“开/关机键”。

2）调整挡位选择键“Level”，选择合适的挡位测量现场的噪声，以不出现“UNDER”或“OVER”为主。

3）频率计权：A。

4）时间计权：FAST。

5）最大读值记录功能关闭。

（4）测试读数时要保持安静，每隔约 5 s 读取显示屏示数，每个测点应连续读取 60 个数据。将数据填入表 1、表 2、表 3 中。

**表 1　测点 1 数据**

单位：dB（A）

| 测量区域 | | | | 测量点位置编号 | | | 测量时间 | | |
|---|---|---|---|---|---|---|---|---|---|
| | | | | | | | | | |
| | | | | | | | | | |
| | | | | | | | | | |
| | | | | | | | | | |
| | | | | | | | | | |
| | | | | | | | | | |

**表 2　测点 2 数据**

单位：dB（A）

| 测量区域 | | | | 测量点位置编号 | | | 测量时间 | | |
|---|---|---|---|---|---|---|---|---|---|
| | | | | | | | | | |
| | | | | | | | | | |
| | | | | | | | | | |
| | | | | | | | | | |
| | | | | | | | | | |
| | | | | | | | | | |

**表3　测点3数据**

单位：dB（A）

| 测量区域 | | | | 测量点位置编号 | | | 测量时间 | | |
|---|---|---|---|---|---|---|---|---|---|
| | | | | | | | | | |
| | | | | | | | | | |
| | | | | | | | | | |
| | | | | | | | | | |
| | | | | | | | | | |
| | | | | | | | | | |

（5）测试完成后，按下声级计“开/关机键”关闭电源，并归还原处。

## 五、实验报告内容

（1）简述本次实验的实验原理。

（2）填写数据记录表。

（3）计算测试区域各测点的等效连续声压级 $L_{Aeq,T}$，并计算测试区域等效连续声压级平均值。

（4）根据声环境质量标准 GB 3096—2008 对各类声环境功能区的定义和噪声限制规定，确定测量区域属于哪类声环境功能区，噪声是否达标并分析原因。

## 六、实验注意事项

（1）选择测量区域时要充分考虑测量时的安全性，不能离开学校。若中心点的位置不便于测量，可移到旁边能测量的地方进行测量。

（2）测量要求麦克风离地面高 1.2 m，并远离其他反射机构。

（3）使用仪器时要安全可靠，不可掉在地上。如因使用不当或故意造成仪器损坏，要按规定赔偿。数据记录完毕，立即将仪器交还实验室（交还时要验收）。

# 实验十九　压阻传感器液位测量实验

## 一、实验目的

（1）熟悉扩散硅压力传感器特性与应用；

（2）掌握扩散硅压力传感器测量液位的基本原理和方法。

## 二、实验原理

扩散硅压阻式传感器硅膜片两侧有两个压力腔，一个是与被测液面相连的高压腔，另一个是与大气连通的低压腔。当膜片两侧有压力差时，膜片上各点存在应力，在应力作用下 4 个等值硅电阻阻值将发生变化，使电桥失去平衡，输出与压力差成正比的电压，而这一电压的变化间接反映了液体液位高低的变化。

## 三、实验设备

实验设备主要有实验主控台、应变传感器实验模块、JCY-3 液位流量检测装置、固定电压源、直流电压表、电源适配器 24 V/2 A 等。

本实验装置选择的是摩托罗拉公司的 MPX10，工作电压最大直流 6 V，最大检测压力 100 kPa；有 4 个引出脚，1 脚接地、2 脚为 $U_o$+、3 脚接+5 V 电源、4 脚为 $U_o$−。当 $P_1>P_2$ 时，输出为正；$P_1<P_2$ 时，输出为负。这里 $P_2$ 为大气压强，如图 1 所示。传感器本身没有调零功能，而且输出信号为 mV 级，需

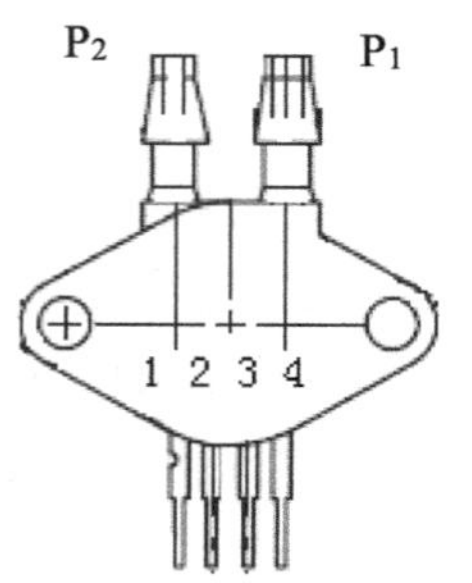


图 1　MPX10 示意图

要对信号进行调零和放大处理。

## 四、实验步骤及记录

（1）如图 2 所示，将 JCY-3 液位流量检测装置机箱内的“被测水箱”出水阀门 $V_1$ 关闭（竖向为开，横向为关），“被测水箱”进水手阀打开（横向为开，竖向为关）。

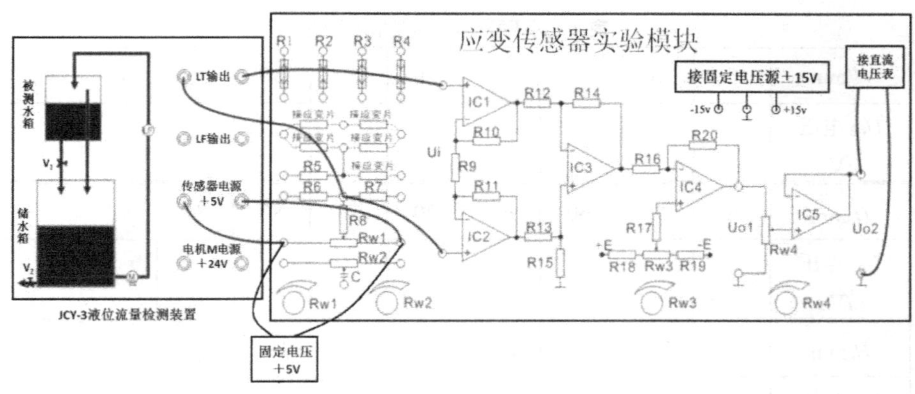


**图 2　实验接线图**

（2）将应变传感器实验模块的+15 V、−15 V 和接地 GND 输入端分别接主控台上的固定电压源的相应端口，实验模块输出端 $Uo_2$ 和接地分别接直流电压表正负极端口，选择 200 mV 挡。

（3）打开实验台总电源，进行差动放大器调零：顺时针转动应变传感器实验模块上 $R_{w4}$ 旋钮到最大位置，用导线将差动放大器的输入端 $U_i$ 短路，打开固定电压源红色开关，调节 $R_{w3}$ 使直流电压表 200 mV 挡显示为零，然后关闭固定电压源开关，取下 $U_i$ 短路导线。

（4）将固定电压源+5 V 正负极接至 JCY-3 液位流量检测装置“传感器电源+5V”正负极上。

（5）将+5 V 固定电压源正负极接到调零 $R_{w1}$ 两端，JCY-3 液位流量检测装置的“LT 输出”正端分别连接到 $R_{w1}$ 中间端孔和差分电路输入端“$U_i$”一端上，“LT 输出”负极连接到差分电路输入端“$U_i$”另一端上。

（6）打开固定电压源红色开关，逆时针转动 $R_{w1}$ 至最左端，并把电压表挡挡位选择为 20 V 挡。

（7）将电源适配器（+24 V/A）正负极输出接到JCY-3液位流量检测装置“电机M电源”正负相应端口上，电机开始运转向被测水箱注水，待被测水箱注满水后将电机电源断开。

（8）调节被测水箱出水阀 $V_1$ 使其有一个小的开度，让液位水箱的液位慢慢回落至 130 mm 刻度处开始实验，液面每下降 5 mm，记录主控台上直流电压表的示数（选择直流电压表 20 V 挡位），直至 5 mm 刻度处，并将实验结果填入表 1 中。

**表 1　不同液面对应的电压值**

| $H$/mm | 0 | 5 | 10 | 15 | 20 | 25 | 30 | 35 | 40 | 45 |
|---|---|---|---|---|---|---|---|---|---|---|
| $U_{o2}$ 电压/V | | | | | | | | | | |
| $H$/mm | 50 | 55 | 60 | 65 | 70 | 75 | 80 | 85 | 90 | 95 |
| $U_{o2}$ 电压/V | | | | | | | | | | |
| $H$/mm | 100 | 105 | 110 | 115 | 120 | 125 | 130 | | | |
| $U_{o2}$ 电压/V | | | | | | | | | | |

（9）实验结束后，关闭实验台电源，整理好实验设备。

## 五、实验报告内容

（1）简述扩散硅压阻式传感器测量液位高度的原理。

（2）填写记录实验数据到表 1 中。

（3）根据实验数据，绘出 $U_{o2}$-$H$ 曲线。

（4）根据最小二乘法原理，线性拟合出传感器的输出 $U_{o2}$-$H$ 曲线，并计算灵敏度 $S$ 和线性度 $\delta$。

# 实验二十　气体定压比热测定实验

## 一、实验目的

（1）了解气体定压比热测定实验装置的构成、功能和原理；
（2）熟悉实验中温度、压力、热量和流量的测试原理和方法；
（3）掌握由实验测试数据计算比热值和比热公式的方法；
（4）分析实验中误差产生的原因及减小误差的方法。

## 二、实验原理

1.干空气的平均定压比热确定

气体的定压比热定义为

$$c_p=\left(\frac{\mathrm{d}q}{\mathrm{d}T}\right)_p=\left(\frac{\mathrm{d}h-v\mathrm{d}p}{\mathrm{d}T}\right)_p=\left(\frac{\partial h}{\partial T}\right)_p$$

在没有对外界做功的气体等压流动过程中，气体的定压比热可以表示为

$$c_p=\frac{1}{m}\left(\frac{\partial Q}{\partial T}\right)_P$$

当气体在此等压过程中由温度$t_1$升至$t_2$时，在此温度范围内的平均比热可以由下式确定：

$$c_p\Big|_{t_1}^{t_2}=\frac{Q_p}{m(t_2-t_1)}$$

式中：$m$——气体的质量流量，kg/s；

$Q_p$——气体在等压流动过程中的吸热量，kJ/s。

实验测定的是干空气的定压比热，空气中含有水蒸气。干空气的吸热量应等于湿空气的吸热量减去水蒸气的吸热量，则干空气的平均定压比热由下式确定：

$$c_{pm}\Big|_{t_1}^{t_2}=\frac{Q_p}{m_g\left(t_2-t_1\right)}=\frac{Q_p^{'}-Q_w}{m_g\left(t_2-t_1\right)}$$

式中：$Q_p^{'}$——为湿空气气流的吸热量，kJ/s；

$Q_w$——为水蒸气气流的吸热量，kJ/s；

$m_g$——干空气质量流量，kg/s。

2.考虑散热损失的干空气平均定压比热确定

仪器中加热气流的热量（例如用电加热器加热），不可避免地因热辐射而有一部分热量散失于环境。这部分散热量的大小取决于于仪器的温度状况。只要加热器的温度状况相同，散热量也相同。因此，在保持气流加热前的温度仍为$t_1$和加热后温度仍为$t_2$的条件下，当采用不同的质量流量和加热量进行重复测定时，每次的散热量应当都是一样的。于是，可在测定结果中消除这部分散热量的影响。设两次测定时的气体质量流量分别为$m_1$和$m_2$，加热器的加热量分别为$Q_1$和$Q_2$，辐射散热量为$\Delta Q$，则达到稳定状况后可以得到如下的热平衡关系：

$$Q_1=Q_{p1}+Q_{w1}+\Delta Q=(m_1-m_{w1})c_{pm}\left(t_2-t_1\right)+Q_{w1}+\Delta Q$$
$$Q_2=Q_{p2}+Q_{w2}+\Delta Q=(m_2-m_{w2})c_{pm}\left(t_2-t_1\right)+Q_{w2}+\Delta Q$$

两式相减消去$\Delta Q$项，得到

$$c_{pm}\Big|_{t_1}^{t_2}=\frac{\left(Q_1-Q_2\right)-\left(Q_{w1}-Q_{w2}\right)}{\left(m_1-m_2-m_{w1}+m_{w2}\right)\left(t_2-t_1\right)}$$

3.确定比热与温度变化关系式的方法

由于气体的实际定压比热是随温度的升高而增大的，它是温度的复杂函数，在与室温相关不大的温度范围内（0～300 ℃），空气的定压比热容与温度的关系可近似认为是线性的，即可近似表示为

$$c_p=a+bt$$

则温度由$t_1$至$t_2$的过程中所需要的热量可表示为

$$q = \int_{t_1}^{t_2} (a + bt) \mathrm{d}t$$

由 $t_1$ 加热到 $t_2$ 的平均定压比热容可表示为

$$c_{pm}\Big|_{t_1}^{t_2} = \frac{\int_{t_1}^{t_2} (a + bt) \mathrm{d}t}{t_2 - t_1} = a + b\frac{t_1 + t_2}{2}$$

若以 $\frac{t_1 + t_2}{2}$ 为横坐标，$c_{pm}\Big|_{t_1}^{t_2}$ 为纵坐标（见图1），则可根据不同温度范围的平均比热值采用最小二乘法或者作图的方式确定截距$a$和斜率$b$，从而得出比热随温度变化的计算式。

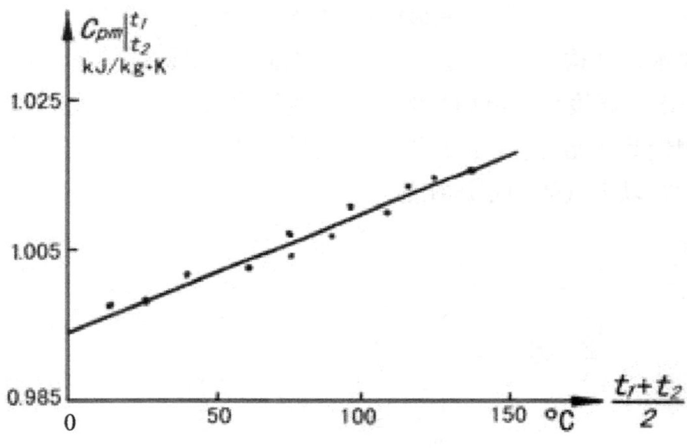


图 1　比热与温度关系拟合曲线

## 三、实验设备

本实验装置由离心式交流鼓风机、湿式气体流量计、比热仪、流量调节阀及测控箱等组成，实验装置如图 2 所示。装置中采用湿式流量计测定气流流量，流量计额定流量为 0.5 $m^3$/h（500 L/h），每转为 0.005 $m^3$（500 L），气流流量用调节阀调整，流量计出口的恒温槽用以控制测定仪器出口气流的温度。

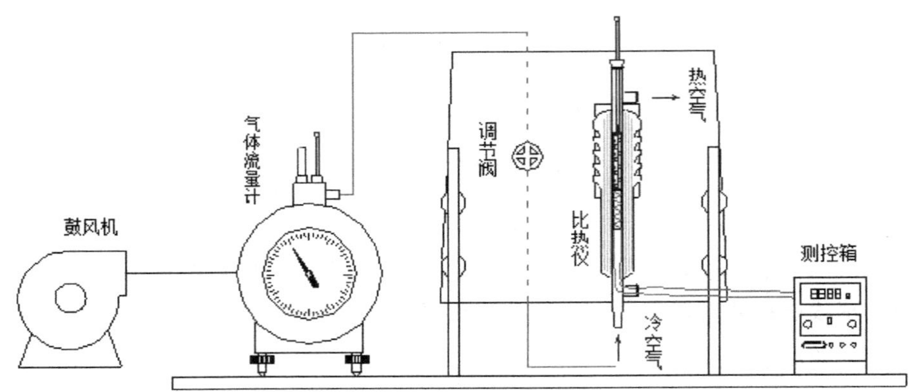


**图 2　气体定压比实验装置简图**

比热仪本体结构如图3所示。比热仪本体由内壁镀银的多层杜瓦瓶、进口温度计、出口温度计、电加热丝和均流网等组成。气体自进口管引入，进口温度计测量其初始温度，出口温度计测量加热终了温度后被引出。该比热仪可测300 ℃以下气体的定压比热。

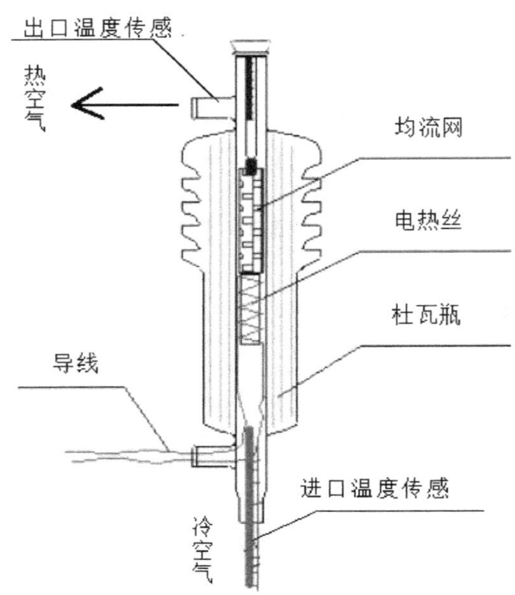


**图 3　比热仪本体结构图**

## 四、实验步骤及记录

1.实验步骤

（1）实验前检查仪器设备有无损坏，确保水平放置，固定牢固后，将插头插入电源插座中。

（2）接通电源，取下流量计出口旁的黑色橡皮堵塞，插入大气压力温湿度计，拨动风机电源开关使风机运行，测出流量计出口空气的干球温度（$t_0$）和相对湿度（$\varphi$），示数稳定大约需要 3～5 min。

（3）取出大气压力温湿度计，将黑色橡皮堵塞重新封堵流量计旁的出口，打开测控箱加热丝开关，调节加热丝功率旋钮设定至实验功率值附近，出口温度 $t_2$ 开始缓慢升高。

（4）待出口温度稳定后（出口温度约 7～10 s 之内无变化或有微小起伏即可视为稳定），读出下列数据：

1）每 10 L 气体通过流量计（或流量计指针转 2 圈）所需时间 $\tau$（s）；

2）比热仪进口温度 $t_1$（℃）、出口温度 $t_2$（℃）；

3）大气压力计读数 $B$（mmHg），流量计中气体表压 $\Delta h$（mm$H_2O$）；

4）电加热器的功率 $Q_p$（W）。

（5）改变加热丝功率实验值，重复步骤（4）记录数据。

（6）根据流量计出口空气的干球温度 $t_0$ 和相对湿度 $\varphi$，从湿空气的焓-湿图中查出含湿量 $d$（g/kg $_{干空气}$），并计算出水蒸气的容积成分：

$$r_w = \frac{d/622}{1+d/622}$$

（7）干空气的质量流量：

$$m_g = \frac{P_g V}{R_g T_0} = \frac{4.6447\times10^{-3}\cdot(1-r_w)(B+\Delta h/13.6)}{\tau(t_0+273.15)}$$

（8）水蒸气的质量流量：

$$m_w = \frac{P_w V}{R_w T_0} = \frac{2.8889\times10^{-3}\cdot r_w\cdot(B+\Delta h/13.6)}{\tau(t_0+273.15)}$$

（9）水蒸气的吸热量：

$$Q_w = m_w \int (1.844 + 0.0004886t)\mathrm{d}t$$

$$= m_w \left[ 1.844(t_2 - t_1) + 0.0002443(t_2^2 - t_1^2) \right]$$

（10）电加热器的加热量：

$$Q_p = \frac{W}{1000}$$

（11）干空气的平均定压比热：

$$c_{pm}\Big|_{t_1}^{t_2} = \frac{Q_g}{m_g\left(t_2 - t_1\right)} = \frac{Q_p - Q_w}{m_g\left(t_2 - t_1\right)}$$

2.数据记录及计算

**表 1　实验数据记录表**

| 比热仪出口温度 $t_2$/℃ | 比热仪进口温度 $t_1$/℃ | 流量计压差 $\Delta h$ / $mmH_2O$ | 加热器电功率 $Q_1W$ | 大气压力 $B$/mmHg | 干球温度 $t_0$/℃ | 相对湿度 $\varphi$ / % | 10L 空气流量时间 $\tau$ /s |
|---|---|---|---|---|---|---|---|
| | | | 15 | | | | |
| | | | 25 | | | | |
| | | | 35 | | | | |
| | | | 45 | | | | |
| | | | 55 | | | | |
| | | | 65 | | | | |
| | | | 75 | | | | |

**表 2　实验结果计算表**

| 比热仪出口温度 $t_2$/℃ | 含湿量 $d$/(g/kg 干空气) | 水蒸气容积成分 $r_w$ | 干空气质量流量 $m_g$ / (kg/s) | 水蒸气质量流量 $m_w$ / (kg/s) | 水蒸汽吸热量 $Q_w$ / (kJ/s) | 干空气平均定压比热 $c_{pm}$ /[kJ/(kg·℃)] | $\frac{t_1 + t_2}{2}$ /℃ |
|---|---|---|---|---|---|---|---|
| | | | | | | | |
| | | | | | | | |
| | | | | | | | |
| | | | | | | | |
| | | | | | | | |
| | | | | | | | |
| | | | | | | | |

备注：　A.1 mmHg=13.6 $mmH_2O$　1 kPa=7.5 mmHg=10 hPa=10 mbar
B.1 标准大气压=1 atm=1.033 at=760 mmHg=10.33 $mH_2O$=1.0133 bar=1.0133×$10^5$ Pa

## 五、实验报告内容

（1）请回答本实验测定干空气平均定压比热的原理是什么？

（2）请记录实验数据和计算各参数，最后填写实验记录表。

（3）根据实验数据采用最小二乘法或者作图的方式确定比热和温度关系式中的参数截距 $a$ 和斜率 $b$。

（4）分析影响实验结果精度的原因。如果不考虑水蒸气的影响，将会有什么样的结果？

（5）实验中的散热是不可避免的，本装置中散热主要是由杜瓦瓶与环境的辐射造成的。在仍利用现有设备的前提下请你设计一种实验方法来消除散热给实验带来的误差。

## 六、注意事项

（1）输入电热器电压不得超过 220 V，气体出口温度最高不得超过 300 ℃。

（2）加热和冷却要缓慢进行，防止温度计比热仪本体因温度骤然变化和受热不均匀而破裂。

（3）停止实验时，应先切断电热器电源，让风机继续运行 15 min 左右（温度较低时，时间可适当缩短）。

# 实验二十一　二氧化碳临界状态观测及 $p$-$v$-$t$ 关系实验

## 一、实验目的

（1）了解实验装置的构成、功能和原理；

（2）了解二氧化碳临界状态的观测方法，增强对临界状态概念的感性认识；

（3）观察二氧化碳气体液化过程的状态变化，及经过临界状态时的气液突变现象；

（4）掌握二氧化碳的 $p$-$v$-$t$ 关系的测定原理，学会用实验测定实际气体状态变化规律的方法。

## 二、实验原理

1.实际二氧化碳气体的 $p$-$v$-$t$ 关系确定

简单可压缩热力系统处于平衡状态时，状态参数压力、温度和比体积之间存在一定的函数关系，即

$$F(p,v,t)=0 \text{或} t=f(p,v)$$

可见，保持任意一个参数恒定，测出其余两个参数之间的关系，就可以求出工质状态变化规律。如维持温度不变，测定比容与压力的对应数值，就可以得到等温线的数据。在不同温度下对二氧化碳气体进行压缩，将此过程画在 $p$-$v$ 图上，可得到如图 1 所示的二氧化碳 $p$-$v$-$t$ 关系标准曲线。当温度低于临界温度 $t_c$ 时，该二氧化碳实际气体的等温线为气液相变过程的直线段。随着温度的升高，相变过程的直线段逐渐缩短。当温度增加到临界温度时，

饱和液体和饱和气体之间的界限已完全消失，呈现出模糊状态，称为临界状态。二氧化碳的临界压力 $p_c$ 为 7.38 MPa ，临界温度 $t_c$ 为 31.1 ℃。在 $p$-$v$ 图上，临界温度等温线在临界点上既是驻点，又是拐点。临界温度以上的等温线也具有拐点，直到 48.1 ℃才成为顺滑的曲线。

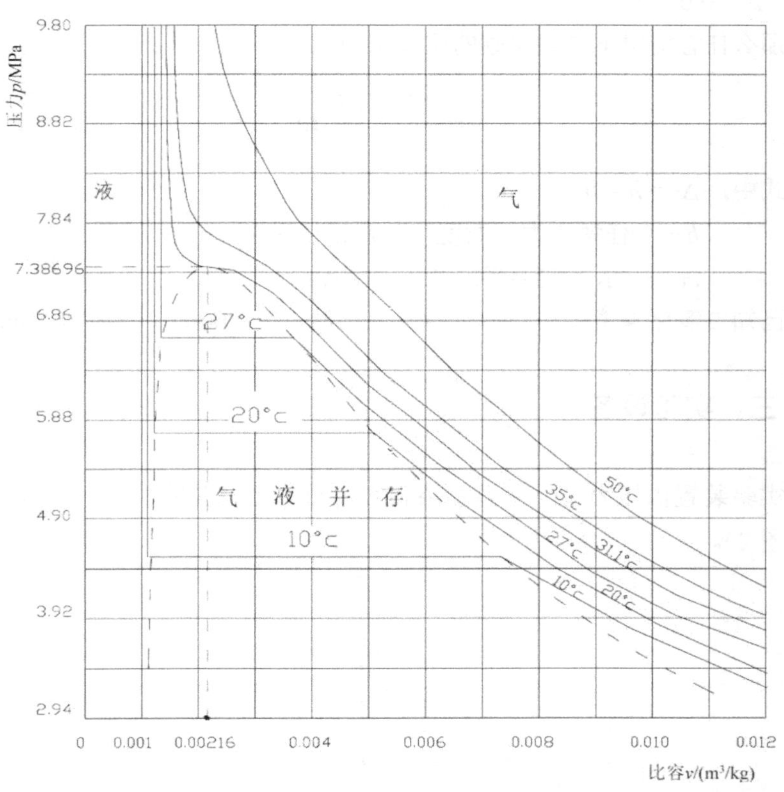


**图 1　二氧化碳 $p$-$v$-$t$ 关系曲线**

2. 利用质面比常数 $k$ 值间接测量二氧化碳的比体积

由于充进承压玻璃管内二氧化碳的质量不便测量，而玻璃管内径或截面积（$A$）又不易测准，因而实验中采用间接的方法来确定二氧化碳的比体积，认为二氧化碳的比体积与其高度呈线性关系，具体方法如下：

已知二氧化碳液体在 25 ℃、7.8 MPa 时的比体积：

$$v(25\ ℃, 7.8\ \text{Mpa})=0.00124\ \text{m}^3/\text{kg}$$

实测出本实验台二氧化碳液体在 25 ℃、7.8 MPa 二氧化碳液柱高度 $\Delta h^*$，由上式可知：

$$v(25\ ℃, 7.8\ \mathrm{Mpa}) = \frac{\Delta h^* A}{m} = 0.00124\ \mathrm{m^3/kg}$$

所以有

$$\frac{m}{A} = \frac{\Delta h^*}{0.00124} = K\text{（为玻璃管内二氧化碳的质面比常数）}\mathrm{kg/m^2}$$

那么任意情况下二氧化碳的比体积为

$$v = \frac{\Delta h}{mA} = \frac{\Delta h}{k}\ \mathrm{m^3/kg}$$

式中：$\Delta h = h - h_0$；

$h$——任意压力、温度下的水银柱高度，mm；

$h_0$——承压玻璃管内径顶端刻度，$h_0$=38 mm；

已知二氧化碳液体在 25 ℃、7.8 MPa 时，$h$= 60 mm，$\Delta h^*$=22 mm。

## 三、实验设备

实验装置由压力台、恒温水浴和实验台本体及其防护罩三大部分组成（见图 2）。

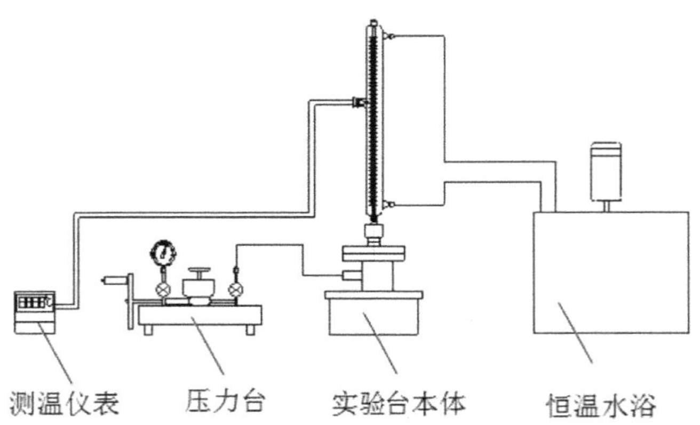


**图 2　实验装置系统简图**

压力台由手轮带动活塞杆的进退调节油压，提供实验中所需的压力，压缩气体时要缓缓转动手轮以提高油压。

恒温水浴提供恒温水，用恒温水再去恒定二氧化碳的温度，保持实验在不同温度的等温过程中进行。

实验本体结构如图3所示，其中：高压容器管内充二氧化碳；玻璃杯盛满水银；压力油用来传递由压力台施加的压力；水银用来把压力施加给主容器管内的二氧化碳，并起到封闭二氧化碳不外泄的作用；密封填料起到组合件之间压力封闭的作用；填料压盖起到密封紧固作用；恒温水套用来使二氧化碳恒温；热电偶用来测量显示恒温水套中的水温。

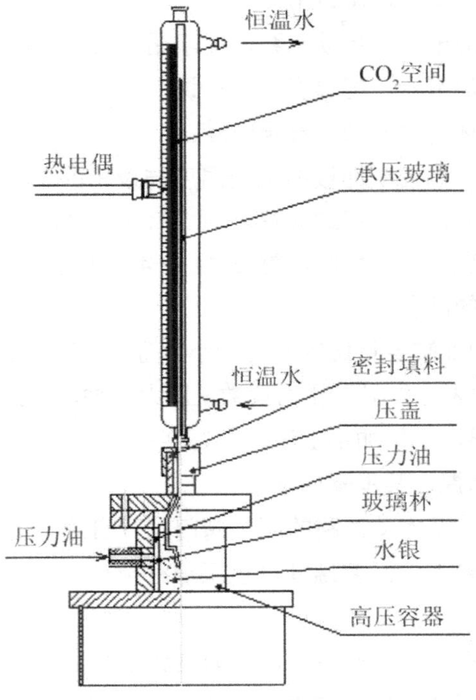


**图 3　实验台本体结构图**

实验中，压力台油缸送来的压力油传入高压容器和玻璃杯上半部，迫使水银进入预先装了二氧化碳气体的承压玻璃管容器，二氧化碳被压缩，其压力大小通过压力台上的活塞杆的进、退来调节。温度由恒温水浴供给的水套内的水温来调节。

实验二氧化碳的压力值由装在压力台上的压力表读出。温度由插在恒温水套中的温度传感器及数显温度表读出。二氧化碳气体的体积由承压玻璃管内二氧化碳柱的高度来测量，而后再根据承压玻璃管内径截面不变等条件来换算得出。

## 四、实验步骤及记录

1.实验步骤

（1）实验前确保仪器设备完好，固定牢固后，打开总电源开关，并开启实验本体上的日光灯。

（2）恒温器准备及温度调节。

1）检查并接通电路，启动水泵，使水循环对流；

2）设置数字调节器，把温度调节仪调节至所需温度；

3）视水温、环境情况调节设定温度；

4）观察温度，当控制面板的水套温度与设定的温度一致时（或基本一致），则可（近似）认为承压玻璃管内的二氧化碳的温度处于设定的温度。

5）当需要改变实验温度时，重复 2）—4）即可。

（3）加压前的准备。

由于压力台的油缸容量比容器容量小，需要多次从油杯里抽油，再向主容器管充油，压力表才能显示压力读数。压力台抽油、充油的操作过程非常重要，若操作失误，不但加不上压力，还会损坏实验设备，且易发生爆炸。所以，务必认真掌握，其步骤如下：

1）关闭压力表及本体油路的两个阀门，开启油杯上的进油阀；

2）摇退压力台上的活塞螺杆，直至螺杆全部退出，这时压力台油缸中抽满了油；

3）先关闭油杯阀门，然后开启压力表和本体油路的两个阀门；

4）缓慢摇进活塞螺杆，使本体充油，如此交替重复，直至压力表上有压力读数为止；

5）再次检查油杯阀门是否关好，压力表及本体油路阀门是否开启，若均已调定后，即可进行实验；

（4）测定低于临界温度（室温）时的等温线，记录数据并观察实验现象。

1）压力从 5.0 MPa 开始，当玻璃管内水银柱升起来后，应足够缓慢地摇进活塞螺杆，以保证等温条件。否则，将来不及平衡，读数不准；

2）按照适当的压力间隔 0.2～0.5 MPa 读取水银柱高度值 $h$，直至压力 $p$=8.0 MPa；

3）注意加压后二氧化碳的变化，特别是注意饱和压力和饱和温度之间的对应关系以及液化、汽化等现象，要将测得的实验数据及观察到的现象一并填入表 1 中。

（5）测定临界温度 $t$=31.1 ℃时的等温线，记录数据并观察实验现象。

1）将恒温器调定在 $t$=31.1 ℃，并保持恒温；

2）压力从 5.0 MPa 开始，当玻璃管内水银柱升起来后，应足够缓慢地摇进活塞螺杆，以保证等温条件，否则，将来不及平衡，读数不准；

3）按照适当的压力间隔 0.2～0.5 MPa 读取水银柱高度值 $h$，直至压力 $p$=8.0 MPa；

4）注意加压后二氧化碳的变化，特别是注意饱和压力和饱和温度之间的对应关系以及液化、汽化等现象，要将测得的实验数据及观察到的现象一并填入表 1 中。

（6）观察临界现象。

1）临界乳光现象

将水温加热到临界温度（31.1 ℃）并保持温度不变，摇进压力台上的活塞螺杆使压力升至 7.38 MPa 左右，然后摇退活塞螺杆（注意勿使实验本体晃动）降压，在此瞬间玻璃管内将出现圆锥状的乳白色的闪光现象，这就是临界乳光现象。这是由二氧化碳分子受重力场的作用沿高度分布不均和光的散射所造成的，可以重复几次，来观察这一现象。

2）整体相变现象

由于在临界点时，汽化潜热等于零，饱和气相线和饱和液相线合于一点，所以这时气液的相互转化不像临界温度以下时那样逐渐积累，需要一定的时间，表现为一个渐变的过程，而这时当压力稍有变化时，气、液是以突变的形式互相转化的。

3）气、液两相模糊不清的现象

处于临界点的二氧化碳具有共同的参数（$p,v,t$），因而仅凭参数是不能区分此时二氧化碳是气体还是液体，如果说它是气体，那么这个气体是接近了液态的气体；如果说它是液体，那么这个液体是接近了气态的液体。下面就用实验来验证这个结论。因为这时是处于临界温度下的，如果按等温线过程进行二氧化碳的压缩或膨胀，则管内发生什么现象是未知的。现在我们按绝热过程来进行。首先在压力等于 7.38 MPa 左右时，突然降压，二氧化碳状态点由等温线沿绝热线降到液态区，管内二氧化碳出现了明显的液面，这就说明，如果这时管内二氧化碳是气体的话，那么这种气体离液区很接近，可以说是接近了液态的气体；当膨胀之后突然压缩二氧化碳时，这个液面又立即消失了，这就说明此时的二氧化碳液体离气区也非常近，可以说是接近了气态的液体。既然此时的二氧化碳既接近气态又接近液态，且处于临界点附近，所以可以说，临界状态究竟如何，是饱和气、液分不清的状态，这就是临界点附近饱和气液模糊不清的现象。

（7）测定高于临界温度 $t$=40 ℃时的等温线，记录数据并观察实验现象。

2.数据记录及计算

**表 1　二氧化碳等温实验原始记录**

| 室温 $t$ =　　℃ | | | | 临界温度 $t$ = 31.1℃ | | | | $t$ = 40℃ | | | |
|---|---|---|---|---|---|---|---|---|---|---|---|
| $p$ /MPa | $\Delta h$ /mm | $v$ /m³/kg | 现象 | $p$ /MPa | $\Delta h$ /mm | $v$ /m³/kg | 现象 | $p$ /MPa | $\Delta h$ /mm | $v$ /m³/kg | 现象 |
| 5.0 | | | | | | | | | | | |
| 5.5 | | | | | | | | | | | |
| 6.0 | | | | | | | | | | | |
| 6.5 | | | | | | | | | | | |
| 6.8 | | | | | | | | | | | |
| 7.0 | | | | | | | | | | | |
| 7.2 | | | | | | | | | | | |
| 7.4 | | | | | | | | | | | |
| 7.6 | | | | | | | | | | | |
| 7.8 | | | | | | | | | | | |
| 8.0 | | | | | | | | | | | |

## 五、实验报告内容

（1）简述实验中确定二氧化碳 $p$-$v$-$t$ 关系及比体积的方法。

（2）为什么加压时要足够缓慢地摇动活塞螺杆而使加压足够缓慢进行？若不缓慢加压，会出现什么问题？

（3）记录填写实验数据记录表格。

（4）根据表中数据和二氧化碳 $p$-$v$-$t$ 标准关系曲线，在 $p$-$v$ 坐标系中绘出实际二氧化碳气体的 3 条等温线。

（5）请谈谈你对本次实验的体会和建议。

## 六、注意事项

（1）此实验因所需压力较高，具有一定的危险，承压玻璃管的额定承压极限为 10 MPa，为了安全，建议实验时压力不要超过 7.8 MPa，并且切记操作过程中一定要缓慢摇进压力校验仪的活塞螺杆，万万不可快速摇进加压，否则容易引起承压玻璃管爆裂，发生危险。

（2）恒温水流量应足够大，使水套进、出口的水温尽可能接近相同。

（3）实验中读取水银柱液面高度时要注意，应使视线与水银柱半圆形液面的中间对齐。

（4）不要在气体被压缩的情况下打开油杯阀门，致使二氧化碳突然膨胀而逸出玻璃管，水银则被冲出玻璃杯。如要卸压，应慢慢退出活塞螺杆使压力逐渐下降，执行升压过程的逆程序。

（5）为达到二氧化碳的定温压缩和定温膨胀，要求压缩和膨胀过程进行得足够缓慢，以免玻璃管内二氧化碳温度偏离管外恒温水套的水温。

（6）如果玻璃管外壁或水套内壁附着小气泡，妨碍观测，可通过放充水套中的水，将气泡冲掉。操作和观测时要格外小心，不要碰到实验台本体，以免损坏承压玻璃管及恒温水套。

# 实验二十二　饱和蒸汽压力和温度关系实验

## 一、实验目的

（1）通过水的饱和蒸汽压力和温度关系实验，加深对饱和状态的理解；

（2）通过对实验数据的整理，掌握饱和蒸汽 *p-t* 系图表的编制方法；

（3）学会温度计、压力表、调压器和大气压力计等仪表的使用方法；

（4）观察小容积的饱态沸腾现象。

## 二、实验原理

当液体在有限的密闭空间中蒸发时，液体分子通过液面进入上面空间，成为蒸汽分子。由于蒸汽分子处于紊乱的热运动之中，它们相互碰撞，并和容器壁以及液面发生碰撞，在和液面碰撞时，有的分子则被液体分子吸引，而重新返回液体中成为液体分子。开始蒸发时，进入空间的分子数目多于返回液体中分子的数目，随着蒸发的继续进行，空间蒸汽分子的密度不断增大，因而返回液体中的分子数目也增多。当单位时间内进入空间的分子数目与返回液体中的分子数目相等时，则蒸发与凝结处于动平衡状态，此时处于动态平衡的气、液共存状态称为饱和状态。在饱和状态下的液体称为饱和液体，其蒸汽称为湿饱和蒸汽（也称饱和蒸汽）。

## 三、实验设备

本实验使用可视饱和蒸汽压力和温度关系实验仪。实验装置主要由密封电加热蒸汽发生器（使用压力不超过 0.6 MPa）、电接点压力表、压力传感器、温度传感器和控制箱组成（见图 1）。

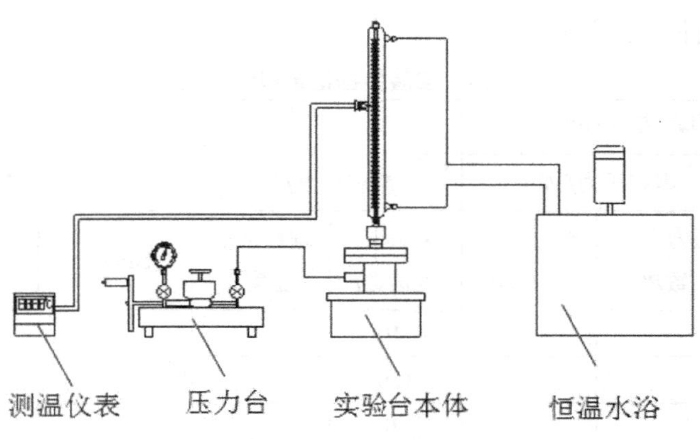


**图 1　实验装置系统简图**

## 四、实验步骤及记录

1.实验步骤

（1）熟悉实验装置及使用仪表的工作原理、性能和使用方法。

（2）转动黑色调压旋钮，使电流表指针至零位，然后接通电源。

（3）将电接点压力表的上限压力指针拨到略高于最高实验压力（如 0.6 MPa）的位置，并设定第一个温度测试值（如 110 ℃）。热惯性实验时通常设定温度要比测试温度低 4 ℃。

（4）转动黑色调压旋钮使电流表处于 2 A，电加热器开始加热蒸馏水，蒸汽发生器内压力（黑色指针）开始缓慢上升，待工况稳定（压力和温度基本保持不变）后迅速记录下水蒸气的压力和温度。

（5）重复上述实验，在 110～160 ℃范围内，取 6 个温度测试点进行测试，实验点应尽量分布均匀。

（6）实验完毕后，转动黑色旋钮使电流表指针旋回零位，并断开电源。

（7）记录室温和大气压力。

2.数据记录及计算

**表 1　实验数据记录和计算表**

<table>
<tr><td colspan="3">大气压力$B$/MPa</td><td colspan="2"></td><td>室温/℃</td><td></td></tr>
<tr><td rowspan="2">实验次数</td><td colspan="2">饱和压力/MPa</td><td colspan="2">饱和温度/℃</td><td colspan="2">误差</td></tr>
<tr><td>压力表读数$P'$</td><td>绝对压力$P=P'+B$</td><td>实际温度读数$t$</td><td>理论标准温度$t'$</td><td>$\Delta t=t'-t$</td><td>$\frac{\Delta t}{t'}\times 100\%$</td></tr>
<tr><td>1</td><td></td><td></td><td>110</td><td></td><td></td><td></td></tr>
<tr><td>2</td><td></td><td></td><td>120</td><td></td><td></td><td></td></tr>
<tr><td>3</td><td></td><td></td><td>130</td><td></td><td></td><td></td></tr>
<tr><td>4</td><td></td><td></td><td>140</td><td></td><td></td><td></td></tr>
<tr><td>5</td><td></td><td></td><td>150</td><td></td><td></td><td></td></tr>
<tr><td>6</td><td></td><td></td><td>160</td><td></td><td></td><td></td></tr>
</table>

## 五、实验报告内容

（1）简述实验原理。

（2）填写实验数据记录及计算表。

（3）根据表中数据以 $p$ 为横坐标（单位 MPa），$t$ 为纵坐标（单位℃），绘制在 $p$-$t$ 关系曲线。

（4）将实验曲线绘制在双自然对数坐标系中则基本呈线性，并拟合出直线 $y=kx+a$，整理出水蒸气饱和压力和温度关系的近似经验公式：$t=e^{a}p^{k}$。

（5）对比温度实验实测值与理论标准存在一定的误差，分析误差产生的原因。

（6）请谈谈你对本次实验的体会和建议。

## 六、注意事项

（1）实验装置通电后必须有专人看管。

（2）实验装置使用压力为 0.6 MPa（表压），切不可超压操作。一旦超压，立即关闭实验装置的电源开关。

（3）操作过程中，不可接触连接电接点压力表的缓冲器（金属管），避免被烫伤。

（4）高压时不允许用排气阀门排气，防止烫伤。

# 实验二十三　喷管特性实验

## 一、实验目的

（1）了解喷管实验装置的构成和测量仪器仪表的使用方法；

（2）加深对喷管中气流基本规律的理解，牢固树立临界压力、临界流速和最大流量等喷管参数的概念；

（3）观察气体在渐缩和缩放喷管中流动的特点，加深对气体在喷管中流动时临界现象的理解；

（4）掌握气流在喷管中的压力及流量的变化规律及测定方法。

## 二、实验原理

1.喷管中气流的基本规律

气体在喷管流动的过程中，气体的状态参数 $p$ 、$v$，流速 $c$ 和喷管截面积 $A$ 之间的基本关系可用下面三个方程表示：

$$c\mathrm{d}c = -v\mathrm{d}p$$

$$\frac{\mathrm{d}c}{c} + \frac{\mathrm{d}A}{A} - \frac{\mathrm{d}v}{v} = 0$$

$$\frac{\mathrm{d}A}{A} = (M^2 - 1)\frac{\mathrm{d}c}{c}$$

式中：$M$ 为马赫数，是表示气体流动特性的一个重要特性值。当 $M<1$ 时，表明气体流速小于当地音速；当 $M>1$ 时，则表明气体流速大于当地音速，气体作超音速流动。

上述方程表明：

1）气体流经喷管时，压力降低，流速增大，喷管的截面积亦随之变化，而喷管的截面变化情况取决于 $M$ 值；

2）当气流流速小于音速（即 $M<1$）时，欲使流速增大，喷管截面应该是收缩的；

3）当气流流速大于音速（即 $M>1$）时，喷管截面应该是扩放的。

2.气流流经喷管的临界概念

喷管气流的特征是 $dp<0$，$dc>0$，$dv>0$，三者之间互相制约。当某一截面的流速达到当地音速（亦称临界速度）时，喷管截面最小，此处正是气流流速由亚音速过渡到超音速，喷管由收缩形过渡到扩放形的转折点，该截面上的参数称为喷管的临界参数，压力称为临界压力（$p_c$）。临界压力与喷管初压（$p_1$）之比称为临界压力比，则有

$$\beta_c=\frac{p_c}{p_1}=\left(\frac{2}{\gamma+1}\right)^{\frac{\gamma}{\gamma-1}}$$

上式表明临界压力比只和气体的等熵绝热指数 $\gamma$ 有关，对于空气等双原子气体 $\gamma$=1.4，$\beta_c$=0.528，$p_c$=0.528$P_1$。

当渐缩喷管出口处气流速度达到音速，或缩放喷管喉部气流速度达到音速时，通过喷管的气体流量便达到了最大值（$m_{max}$），或称为临界流量，可由下式确定：

$$m_{max}=A_{min}\sqrt{\frac{2\gamma}{\gamma+1}\left(\frac{2}{\gamma+1}\right)^{\frac{\gamma}{\gamma-1}}\cdot\frac{p_1}{v_1}}=0.685A_{min}\sqrt{\frac{p_1}{v_1}}$$

式中：$A_{min}$ 为最小截面积（对于渐缩喷管来说即为出口处的流道截面积，对于缩放喷管来说即为喉部处的流道截面积。本实验台的两种最小流道截面积为 $(4^2-1.2^2)\cdot\pi/4=11.44\ \text{mm}^2$）。

喷管的最大质量流量值取决于喷管进口的气体状态，当背压自临界压力继续降低时，喷管的流量将保持最大值而不再变化。

3.气体在不同类型喷管中的流动

（1）渐缩喷管

渐缩喷管因受几何条件（$dA<0$）的限制，可知：气体流速只能等于或低于音速，出口截面的压力只能高于或等于临界压力（$p_2\geq p_c$），通过喷管

的流量只能等于或小于最大流量（$m_{max}$）。气体流经喷管的膨胀程度可以用喷管的背压 $p_b$ 与进口压力 $p_1$ 之比 $\beta$（压力比）表示，气流在渐缩喷管中流动时根据不同的压力比，其膨胀情况分为三种工况，如图 1 所示绘出 *A*、*B*、*C* 3 条曲线。

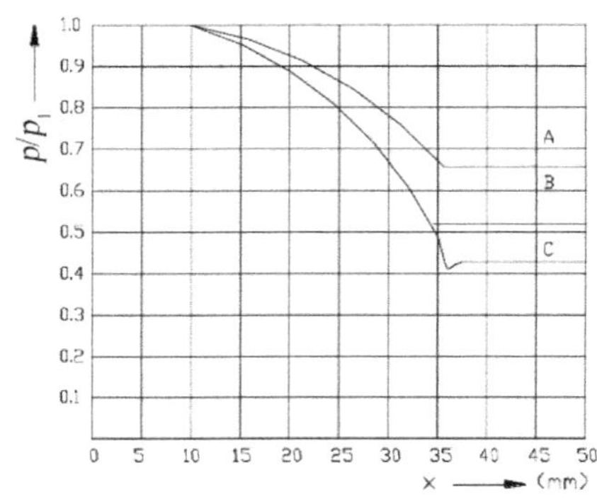


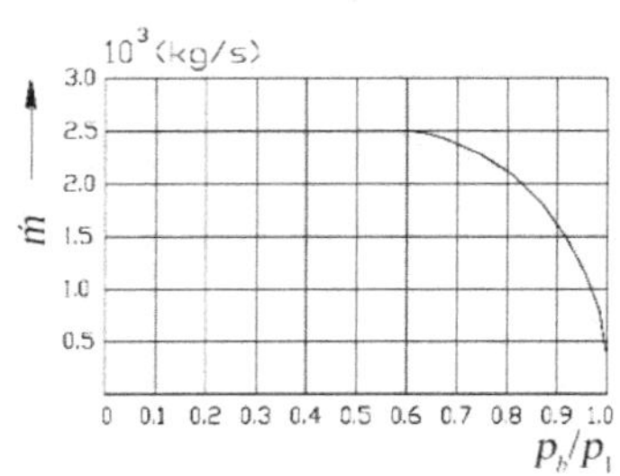


**图 1 渐缩喷管压力分布曲线及流量曲线**

*A*——亚临界工况：压力比大于临界压力比（$\beta > \beta_c$），即背压大于临界压力（$p_b > p_c$），气体在喷管中的压力可以由 $p_1$ 一直膨胀到 $p_2$（喷管出口截面压力），但喷管出口的气流流速未达到当地音速的数值，出口截面的压力 $p_2 = p_b > p_c$，出口截面流量 $m < m_{max}$。

*B*——临界工况：压力比等于临界压力比（$\beta = \beta_c$），即背压等于临界压力（$p_b = p_c$），气体在喷管中可以由入口压力 $p_1$ 一直膨胀到出口背压 $p_c$，即进行了最充分的完全膨胀。这时，喷管出口的气流流速达到当地音速的数值，出口截面的压力 $p_2 = p_b = p_c$，出口截面流量 $m = m_{max}$。

*C*——超临界工况：压力比小于临界压力（$\beta < \beta_c$），即背压低于临界压力（$p_b < p_c$），气体在喷管中的压力由 $p_1$ 只能膨胀到 $p_c$，喷管内压力变化情况仍如曲线 *C* 所示，它不受背压 $p_b$ 降低的影响，而气流一离开喷管的出口截面就发生突然的膨胀，压力降至 $p_b$，并因而使气流产生了一部分动能损失。此时，喷管的出口气流流速仍为当地音速，出口截面的压力 $p_2 = p_c > p_b$，出口截面流量 $m = m_{max}$。

（2）缩放喷管

缩放喷管的喉部（d*A*=0），因此气流可以达到音速；扩大段（d*A*＞0），出口截面的流速可超音速，其压力可小于临界压力（$p_2 < p_c$），但因受喉

部几何尺寸的限制，其流量的最大值仍为最大流量（$m_{max}$），气流在扩大段能完全膨胀，这时出口截面处的压力成为设计压力（$p_d$）。当压力比低于临界压力比（$\beta<\beta_c$）时，应采用缩放喷管，以获得超音速气流。气体在缩放喷管中流动时的膨胀情况随工作背压不同，亦可分为三种情况，如图2所示绘出*A*、*B*、*C*三条曲线。

*A*——背压等于设计背压（$p_b=p_d$）时，称为设计工况。气流在喷管中由入口压力膨胀至背压，此时气流在喷管中能完全膨胀，出口截面的压力与背压相等（$p_2=p_b=p_d$）。在喷管喉部（最小截面上），压力达到临界压力，速度达到音速。在扩大段转入超音速流动，流量达到最大流量。

*B*——背压低于设计背压（$p_b<p_d$）时，此时气流发生膨胀不足，气流在喷管内仍按曲线*A*那样膨胀到设计压力。当气流一离开出口截面便与周围介质汇合，其压力立即降至实际背压值，这部分管外突然膨胀使气流损失了一部分动能，流量仍为最大流量。

*C*——背压高于设计背压（$p_b>p_d$）时，气流在喷管内膨胀过渡，其压力低于背压，以至于气流在未达到出口截面处便被压缩，导致压力突然升跃（即产生激波），在出口截面处，其压力达到背压。激波产生的位置随着背压的升高而向喷管最小截面方向移动，激波在未达到喉部之前，其喉部的压力仍保持临界压力，流量仍为最大流量。当背压升高到某一值时，将脱离临界状态，缩放管便与文丘里管的特性相同了，其流量低于最大流量。

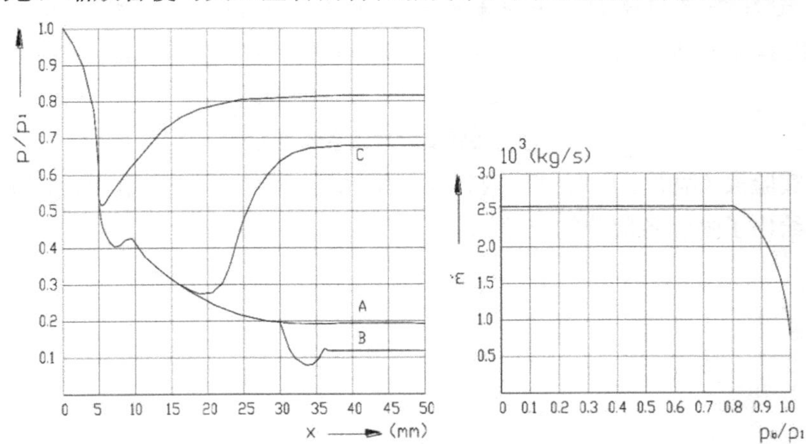


**图2　缩放喷管压力分布曲线及流量曲线**

## 三、实验设备

本实验装置由 2 套实验本体、1 台真空泵及相关测试仪表组成，可以满足同时进行渐缩喷管和缩放喷管的特性实验。实验本体由进气管段、喷管实验段（渐缩喷管与缩放喷管各 1 个）、储气稳压罐及支架等组成，采用真空泵作为气源设备，装在喷管的排气侧，如图 3 所示。

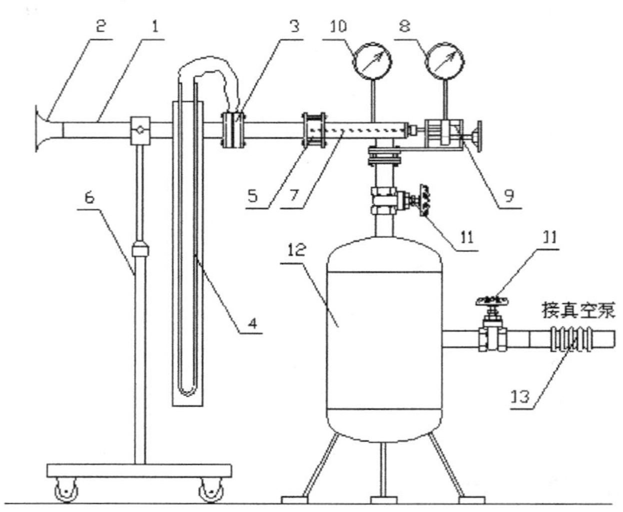


1—进气管；2—空气吸气口；3—孔板流量计；4—U 形管压差计；5—喷管；6—支架；7—测压探压针；8—可移动真空表；9—电机螺杆机构；10—背压真空表；11—背压用调节阀；12—储气罐；13—软管接头

**图 3　喷管实验本体系统简图**

实验段（喷管）用有机玻璃制成，有渐缩、缩放两种形式，如图 4 所示，图中绘出了喷管各部分的尺寸。

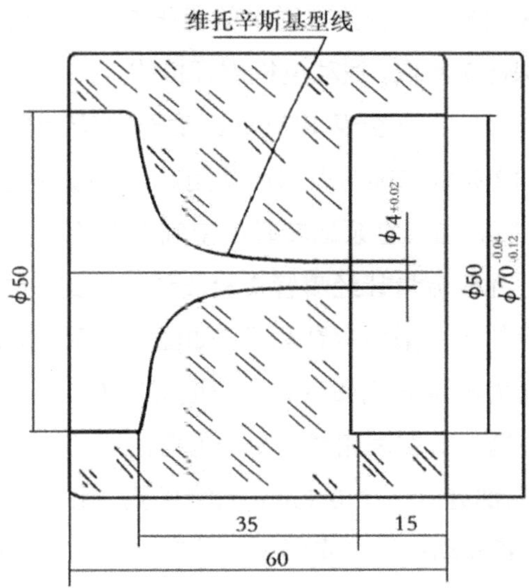


（a）渐缩喷管

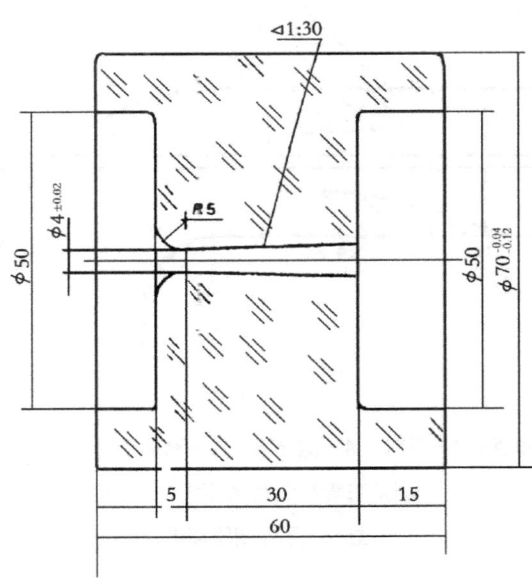


（b）缩放喷管

**图 4　喷管实验剖面图**

喷管入口的气体状态由大气压力计及室温表测量，气体流量用进气管道上的孔板流量计 3 测量。喷管排气道中的背压 $p_b$ 用真空表 10 测量。喷管各截面上的压力用探针 7 测取，拨动电机螺杆机构开关可以移动探针测压孔的位置，被测截面压力值由真空表 8 读取。喷管排气管道中的压力 $p_b$ 用调节阀 11 控制。气罐 12 起稳定喷管背压的作用。为了减少震动，气罐与真空泵之间用软管 13 连接。当真空泵运转时，空气由实验本体的吸气口进入并依次通过进气管段、孔板流量计经喷管实验段然后排到室外。

喷管各截面上的压力采用探针测量，如图 5 所示，探针可以沿喷管的轴线移动，具体的压力测量方式如下：用一根直径为 1.2 mm 的不锈钢制的探针贯通喷管，其右端与真空表相通，左端为自由端（其端部开口用密封胶封死），在接近左端端部处有一个 0.5 mm 的测压孔。用真空表 8 测量测压孔所在截面的压力 $p$，若移动探针（实际上是移动测压孔）则可确定喷管内各截面的压力。

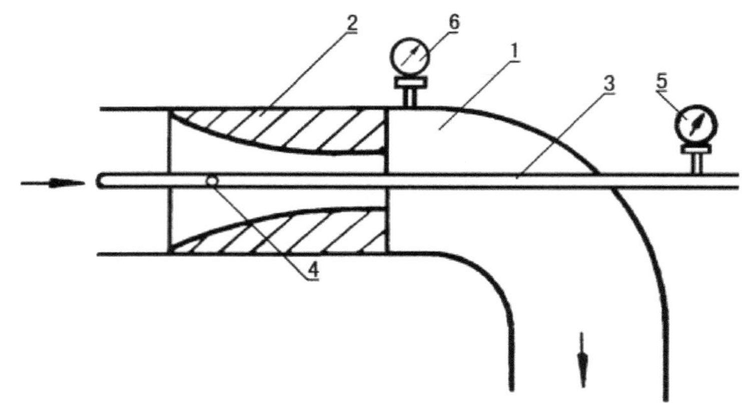


1—管道；2—喷管；3—探针；4—测压孔；5—测量喷管各截面压力的压力表；6—测量喷管排气管道压力的压力表

**图 5　探针测压简图**

## 四、实验步骤及记录

1.实验步骤

（1）选择相应的喷管（渐缩或缩放）进行实验，将“坐标校准器”调好，使指针对准“位移坐标板”零刻度时，探针的测压孔正好在喷管的入口处，确认真空表处于归零状态，孔板压差计水平面处于零位，电机螺杆机构正反转开关置于中间位置（关闭状态）。

（2）将真空泵插头插入三相动力插座中，打开罐前背压调节阀，关闭罐后排气调节阀，将真空泵供水阀门打开到 1/2 左右，按下控制面板上的启动按钮启动真空泵，真空泵运行后再全开罐后排气调节阀。

（3）测量喷管轴向压力分布：

1）用罐前背压调节阀调节背压至一定值（见真空表 10 读数），并记录下该值。

2）启动位移转动开关，使测压探针向出口方向移动。每移动 5 mm 便停顿下来，记录真空表 8 读数、U 形管差压计高度差，换算成绝对压力，实验数据填入表 1 中。一直移到出口之外一段距离（大约 10 mm）。以压力比为纵坐标，以探针测压孔位置为横坐标，绘制这一背压下喷管内的压力分布 $p_x/p_1=f(x)$ 曲线。

3）若要绘制若干条压力分布曲线，只要改变其背压值并重复（1）、（2）步骤即可。

（4）流量曲线的测绘：

1）把测压探针的测压孔移至喷管的进口处，此时真空表 8 所测压力为进口压力 $p_1$，真空表 10 所测压力为背压 $p_b$。

2）缓慢开启罐前背压调节阀调节背压，随着背压的降低（真空度升高），流量逐渐增大，每一次改变 0.01 MPa 真空度，稳定后记录下真空表 8、10 读数和 U 形管差压计读数。当背压升高到某一值时，U 形管差压计的液柱便不再变化（即流量已达到了最大值 ）。此后尽管不断提高背压，但 U 形管差压计的液柱仍保持不变，这时测 2～3 点流量，测量即可完成，并将实验数据填入表 2 中。以流量为纵坐标，以压力比为横坐标，绘制流量 $m=f(p_b/p_1)$ 曲线。

（5）实验结束后，关闭罐后排气调节阀和自来水供水阀门，最后关闭真空泵。

2.数据记录及计算

表 1　喷管压力分布数据记录表

| 喷管类型 | | 大气压/MPa | | 室温 $t_a$/℃ | | | |
|---|---|---|---|---|---|---|---|
| 位置/mm | 背压/MPa | | | U 形压差计 $\Delta h$/mmH$_2$O | | | 绝对压力 $p_1$ |
| | $p_{b1}$=0.02 | $p_{b2}$=0.05 | $p_{b3}$=0.08 | $\Delta h_1$ | $\Delta h_2$ | $\Delta h_3$ | |
| 0 | | | | | | | |
| 2 | | | | | | | |
| 4 | | | | | | | |
| 6 | | | | | | | |
| 8 | | | | | | | |
| 10 | | | | | | | |
| 12 | | | | | | | |
| 15 | | | | | | | |
| 20 | | | | | | | |
| 25 | | | | | | | |
| 30 | | | | | | | |
| 35 | | | | | | | |

表 2　喷管流量测量数据记录表

| 喷管类型 | | | 大气压/MPa | | 室温/℃ | |
|---|---|---|---|---|---|---|
| 背压 $p_b$ | | 初压 $p_1$ | | $p_b/p_1$ | U 型压差计 $\Delta h$/mmH$_2$O | 实测流量 $m$ /（kg/s） |
| 真空度 /MPa | 绝对压力 /MPa | 真空度 /MPa | 绝对压力 /MPa | | | |
| 0.01 | | | | | | |
| 0.015 | | | | | | |
| 0.02 | | | | | | |
| 0.025 | | | | | | |
| 0.03 | | | | | | |
| 0.035 | | | | | | |
| 0.04 | | | | | | |
| 0.045 | | | | | | |
| 0.05 | | | | | | |
| 0.055 | | | | | | |
| 0.06 | | | | | | |
| 0.065 | | | | | | |

3.实验数据处理

（1）压力值的确定

1）本实验装置采用的是负压系统，表上读数均为真空度，为此需换算成绝对压力值（$p$）：

$$p = p_a - p_v$$

式中：$p_a$——大气压力；

$p_v$——真空度。

2）喷管入口压力为 $p_1$，由于喷管前装有孔板流量计，气流有压力损失。本实验装置的压力损失为U形管压差计读数（$\Delta p$）的97%，所以有

$$p_1 = p_a - 0.97\Delta p$$

3）理论临界压力 $p_c = 0.528 p_1$，在真空表上的读数（即用真空度表示）为

$$p_{c(v)} = 0.472 p_a + 0.51\Delta p$$

注意：计算时，式中各项必须用相同的压力单位，如 MPa、mmHg、$mmH_2O$、mbar等。

（2）喷管实际流量测定

由于管内气流的摩擦而形成边界层，从而减少了流通面积。因此，实际流量必然小于理论值。其实际流量为

$$m = 1.373\times10^{-4}\sqrt{\Delta p}\cdot\varepsilon\cdot\beta\cdot\gamma$$

式中：$\varepsilon$——流速膨胀系数；

$$\varepsilon = 1 - 2.873\times10^{-2}\sqrt{\frac{\Delta p}{p_a}}$$

$\beta$——气态修正系数；

$$\beta = 0.538\sqrt{\frac{p_a}{t_a + 273}}$$

$\gamma$——几何修正系数（约等于1）；

$\Delta p$——U形管压差计的读数（$mmH_2O$）；

$t_a$——大气温度（℃）；

$p_a$——大气压力（MPa）。

## 五、实验报告内容

（1）何为喷管的临界状态？临界压力 $p_c$ 如何确定？

（2）填写实验数据记录及计算表。

（3）根据测得的实验数据，以压力比为纵坐标，以探针测压孔位置为横坐标，绘制喷管的压力分布 $p_x/p_1=f(x)$ 曲线。

（4）根据测得实验数据，以流量为纵坐标，以压力比为横坐标，绘制喷管的流量 $m=f(p_b/p_1)$ 曲线。

（5）喷管出口截面压力 $p_2$ 和背压 $p_b$ 有何关系？ $p_2$ 能降到临界压力 $p_c$ 以下吗？

## 六、注意事项

（1）由于测压探针内径较小，测压时滞现象比较严重，为了获得准确的压力值，开关调节阀的速度不宜过快。

（2）真空泵启动和停机前，确保罐后排气调节阀处于关闭状态。

（3）真空泵的供水阀门开启和关闭均早于真空泵的开启关闭。

（4）真空泵运行之后打开排气阀，停机之前关闭排气阀。

# 实验二十四　综合传热性能实验

## 一、实验目的

（1）了解综合传热性能实验台构造及各部件的作用；

（2）掌握综合传热性能实验的原理；

（3）通过实验分析影响传热过程的因素，建立起传热影响因素的初步认识和概念。

## 二、实验原理

1.实验原理

综合传热性能实验是将干饱和蒸汽通过一组实验铜管（冷凝管），管子在空气中散热而使蒸汽冷凝为水，由于铜管的外表状态及空气流动情况的不同，管子的凝水量亦不同，通过单位时间凝水量的多少，可以观察和分析影响传热的诸多因素，并且可以计算出每根管子的总传热系数 $K$ 值，从而建立起影响传热因素的初步认识和概念。

2.传热系数计算

实验中不同表面状态的 6 根管子的表面积均以基管（铜管）表面积为准，则有

传热面积：

$$F = \pi d L \qquad [\mathrm{m}^2]$$

传热量：

$$Q = G r \qquad [\mathrm{W}]$$

传热系数：

$$K = Q/(F \cdot \Delta t) \qquad [\mathrm{W/m^2℃}]$$

式中：$d$——铜管外径，$d = 0.025$ m；

$L$——被试管长度，自然对流时，$L = 0.78$ m，强迫对流时，$L = 0.52$ m（风口长度）；

$G$——凝结水量，$G = \dfrac{hg_s\gamma}{\tau}$，kg/s；

$r$——汽化潜热（查饱和蒸汽表），当 $p$=0.02 MPa 时，$r$=2214.2 kJ/kg；

当 $p$=0.03 MPa 时，$r$=2239.2 kJ/kg；

当 $p$=0.04 MPa 时，$r$=2233.2 kJ/kg；

$h$——蓄水器的水位高度，mm；

$g_s$——每格的凝结水量 $1.018 \times 10^{-6}$，$\mathrm{m^3/mm}$；

$\gamma$——凝结水重度，$\gamma = 1000\ \mathrm{kg/m^3}$；

$\tau$——供汽时间，s；

$\Delta t$——管内外温差，℃，$\Delta t = t_1 - t_f$；

当 $p$=0.02 MPa 时，$t_1 = 104.3$ ℃；

当 $p$=0.04 MPa 时，$t_1 = 108.9$ ℃；

当 $p$=0.03 MPa 时，$t_1 = 106.7$ ℃（饱和温度）；

$t_f$——实验时的室内温度。

## 三、实验设备

实验采用综合传热性能实验台（LL-561 型），实验台由电热蒸汽发生器、一组表面状态不同（铜光管、铝光管、管外加铝翅片以及不同保温材料的保温管）的 6 根铜管、分汽缸、冷凝管、冷凝水蓄水器（可计量）及支架等组成。强制通风时，配有一组可移动的风机（图中未绘出），用它来对管子吹风。因而，实验台可进行自然对流和强迫对流的传热实验。实验台结构示意图如图 1 所示。

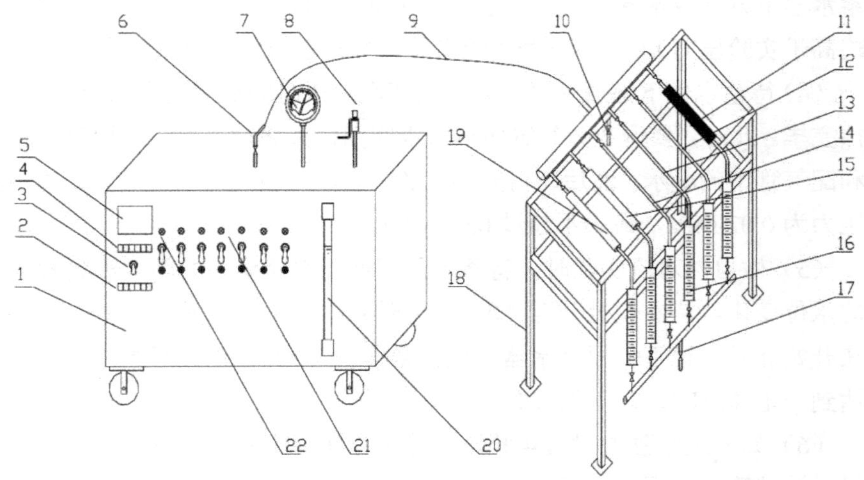


1—电热蒸汽发生器；2～5—温度显示仪表；6—蒸汽出口；7—电接点压力表；8—安全阀；9—连接软管分气缸；10—排水放气阀；11—Φ25 翅片管；12—Φ25 涂黑管；13—Φ25 铜管；14—铝管；15—锯木保温管；16—ϕ36 mm 凝结刻度储水器；17—放水阀；18—支架台；19—岩棉保温管；20—水位计；21—自动加热开关组；22—风机开关

**图 1　综合传热实验台结构示意图**

## 四、实验步骤及数据记录

1.实验步骤

（1）打开电热蒸汽发生器上的供气阀，然后从底部的给水阀门（兼排污）往蒸汽发生器的锅炉加水，当水面达到水位计的 2/3 高处时，关闭给水阀门、供气阀。

（2）合上三相电源总开关，并合上蒸汽发生器上的电源开关，逐个打开 3 个电加热丝，指示灯亮对电锅炉加热。待电接点压力表达到 0.04 MPa 要求压力时（事先按需要用螺丝扳手调定），电接点压力表动作（断电）。反之，待电接点压力表低于 0.02 MPa 要求压力时，电接点压力表再动作（通电）。电接点压力表控制继电器，使加热器按一定范围进行加热，以供实验所需的蒸汽量。

（3）打开分气缸上所有阀门（或按实验需要打开其中几个阀门）和玻

璃蓄水器下方的放水阀。然后，打开供气阀，缓慢向测试管内送气（送气压力略高于实验压力），预热整个实验系统，并将系统内的空气排净。

（4）待蓄水器下部放水阀向外排出蒸汽一段时间后关闭全部放水阀门，预热完毕。此时，要调节分气缸底部放水阀门使其微微冒气，以排除在胶管内和配气管中的凝水。然后即可开始实验。为防止玻璃蓄水器破坏，建议实验压力为 0.02 MPa，最大不超过 0.05 MPa。

（5）做自然对流实验时，将蓄水器下部的水阀全部关闭，观察蓄水器内的水位变化，待水位上升至“0”刻度时开始计时（如实验多根管子，只要在开始计时，记下每根蓄水器水位读数即可），实验正式开始。凝结水水位达到一定高度时，记下供气时间。

（6）如要进行强迫对流实验，放掉积存在蓄水器及管路中的水，开动风机对被试管进行强迫通风。实验方法同上。

（7）实验完毕时，先逐个关闭电加热丝，再关闭电源，打开所有放水阀、排气阀，水排净后再将所有阀门关闭，并切断电源及水源。

2.原始数据记录

**表 1　综合传热性能自由对流数据表**

| 自由对流 | 翅片管 | 涂黑管 | 铜管 | 铝管 | 锯末保温管 | 岩棉保温管 |
|---|---|---|---|---|---|---|
| 初始液面/mm | 0 | 0 | 0 | 0 | 0 | 0 |
| 结束液面/mm | | | | | | |
| 计算时间 $\tau$/s | | | | | | |
| 凝结水量 $G$/（kg/s） | | | | | | |
| 传热量 $Q$/W | | | | | | |
| 传热面积 $F/m^2$ | | | | | | |
| 传热系数 $K/W/m^2 \cdot ℃$ | | | | | | |

注意：储液桶内径为 36 mm。

## 五、实验报告内容

（1）简述实验目的和原理。

（2）填写实验记录表。

（3）请选择一根铜管，根据实验数据计算其传热系数。

（4）通过实验，回答哪根铜管传热性能好，影响传热性能的因素有哪些。

（5）谈谈你的实验体会和建议。

# 实验二十五　强迫对流管蔟管外换热系数测定实验

## 一、实验目的

（1）了解实验装置构造及各部件的作用；
（2）了解热工实验的基本方法和特点；
（3）学会翅片管束管外放热实验研究方法；
（4）加深和巩固传热学课堂讲授的基本概念和基本知识。

## 二、实验原理

1.实验原理

翅片管是换热器中常用的一种传热元件，由于扩展了管外传热面积，故可使光管的传热热阻大大下降，特别适用于气体侧换热的场合。空气（气体）横向流过翅片管束时的对流放热系数除了与空气流速及物性有关以外，还与翅片管束的一系列几何因素有关。其无因次函数关系可表示如下：

$$N_u = f\left(R_e, P_r, \frac{H}{D_0}, \frac{\delta}{D_0}, \frac{B}{D_0}, \frac{P_t}{D_0}, \frac{P_l}{D_0}, N\right)$$

式中：$N_u = \alpha D_o/\gamma$；$R_e = D_o U_m/\gamma$；$P_r = C\mu/\gamma$；$G_m = U_m \cdot \rho$。

$H$、$\delta$、$B$ 分别为翅片高度、厚度和翅片间距；$P_t$、$P_l$ 为翅片管的横向管间距和纵向管间距；$N$ 为流动方向的管排数；$D_o$ 为光管外径，$U_m$、$G_m$ 为最窄流通截面处的空气流速（m/s）和质量流速（kg/m$^2$ · s）；$\lambda$、$\rho$、$\mu$、$\gamma$、$\alpha$ 为气体的物性值。

对于特定的翅片管束，其几何因素都是固定不变的，无因次函数关系可简化为

$$N_u = f(R_e, P_r)$$

对于空气，$Pr$ 数可看作常数，故$N_u = f(R_e)$，进而可表示成指数方程的形式：

$$N_u = C(R_e)^n$$

式中：$C$、$n$ 为实验关联式的系数和指数。

2.传热系数计算

（1）计算风速和风量

测量截积的风速：

$$U_{测} = \sqrt{\frac{2g\Delta h}{\rho}}$$

式中：压差 $\Delta h$，单位为 Pa（$mmH_2O$ 或 $kgf/m^2$）；

空气密度 $\rho$，单位为 $kg/m^3$；

单位换算系数 $g$=9.8$\frac{kg\cdot m}{kgf\cdot s^2}$；

风量：

$$M_a = U_{测} \times F_{测} \times \rho_{测}$$

式中：$F_{测}$=0.015 $m^2$，测量截面处的密度由出口的空气温度$T_{a2}$决定。

（2）空气侧吸热量

$$Q_1 = M_a \times C_{pa} \times (T_{a2} - T_{a1})$$

式中：$T_{a1}$、$T_{a2}$为进出口的空气温度。

（3）电加热器功率

$$Q_2 = I \times V$$

（4）计算热平衡误差

$$\frac{Q_1 - Q_2}{Q_1} = \frac{\Delta Q}{Q}$$

（5）计算翅片管束最窄流通截面处的流速和质量流速

$$U_m = \frac{U_{测} \times F_{测}}{F_{窄}}$$

$$G_m = U_m \times \rho$$

（6）计算 $R_e$ 数

$$R_e = \frac{D_o G_m}{\mu}$$

（7）计算放热系数

$$\alpha = \frac{Q_1}{n\pi D_0 L(T_v - T_a)}$$

式中：$n$——翅片管根数；

$\pi D_0 L$——一支管的光管换热面积（$m^2$）；

$T_a$——空气平均温度（℃）；

$T_v$——光管外壁平均温度（℃）。

（8）计算 $N_u$ 数

$$N_u = \frac{aD_i}{\lambda}$$

## 三、实验设备

实验的翅片管束安装在一台低速风洞中，实验装置和测试仪表如图 1 所示。实验由有机玻璃风洞、加热管件、风机支架、测试仪表等六部分组成。

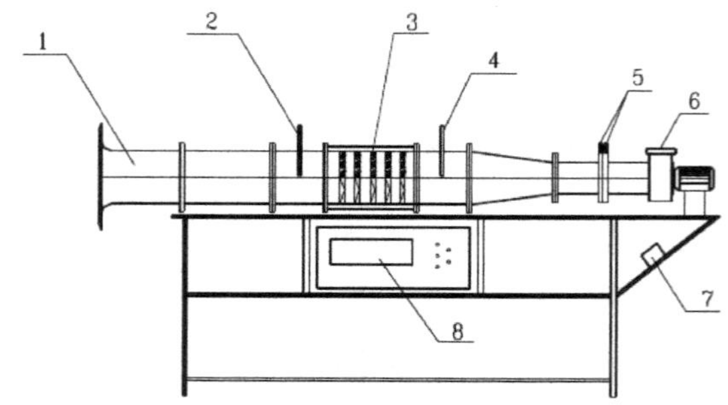


1—吸入管；2—管簇前测压管；3—实验管段；4— 管簇后测压管；5—测压管；6—风机；7—风机控制盒；8—控制箱

**图 1　翅片管束放热实验装置示意图**

有机玻璃风洞由带整流隔栅的入口段、整流丝网、平稳段、前测量段、工作段、后测量段、收缩段、测速段、扩压段等组成。工作段和前后测量段的内部横截面积为 200 mm×200 mm。翅片管束的几何参数如表 1 所示。

**表 1　翅片管束的几何参数**

| 翅片管内径 | 翅片管外径 | 翅片高度 | 翅片厚度 | 翅片间距 | 横向管间距 | 纵向管间距 | 管排数 |
|---|---|---|---|---|---|---|---|
| $D_i$ /mm | $D_0$ /mm | $H$ /mm | $\delta$ /mm | $B$ /mm | $P_t$ /mm | $P_l$ /mm | $N$ |
| 16 | 20 | 197 | 0. 2 | 2. 7 | 50 | 50 | 5 |

4 根实验热管组成一个横排，一般放在第 3 排的位置上，实验数据表明，自第 3 排以后，各排的放热系数基本保持不变。所以，这样测求的放热指数代表第 3 排及以后各排管的平均放热系数。

实验热管的加热段由专门的电加热器进行加热，电加热器的电功率由电功率表进行测量。每一支热管的内部插入一支 K 型热电偶用以测量热管内温度，空气流的进出口温度由温度传感器测得，在入口处安装 4 个，出口处可安装 4 个，以考虑出口截面上气流温度的均匀性。空气流经翅片管束的压力由斜管微压计测量，管束前后的静压侧孔都是 4 个，均布分布在前后测量段的壁面上。空气流的速度和流量由安装测速段孔板测量。

## 四、实验步骤及数据记录

1.实验步骤

（1）熟悉实验原理、实验设备。

（2）调试检查测温、测速、测热等各仪表，使其处于良好工作状态。

（3）接通电加热器电源，将功率控制在 150 W，预热 5～10 min 后，开动引风机，注意使引风机在空载或很小的开度下启动。

（4）调整引风机，控制实验工况的空气流速，一般空气风速应从小到大逐渐增加，实验中，根据毕托管压差读值，可改变 3～4 个风速值，这样就有 3～4 个实验工况。

（5）在每一个实验工况下，待确认设备处于稳定状态后，进行实验数据的计算和整理，将结果逐项记入数据整理表格中。

（6）所有工况的测量结束以后，应先切断电加热器电源，待 10 min 后，再关停引风机。

2.原始数据记录

**表 2　数据记录表**

| 序号 | 加热丝功率/w | 翅片管温度/℃ | | | | | 空气温度/℃ | | | 水柱高度/mm | |
|---|---|---|---|---|---|---|---|---|---|---|---|
| | | $T_{v1}$ | $T_{v2}$ | $T_{v3}$ | $T_{v4}$ | 平均 | 入口气温 $T_{a1}$ | 出口气温 $T_{a2}$ | 平均温度 $T_a$ | $h_0$ | $h_1$ |
| 1 | | | | | | | | | | | |
| 2 | | | | | | | | | | | |
| 3 | | | | | | | | | | | |
| 4 | | | | | | | | | | | |

## 五、实验报告内容

（1）简述实验目的和原理。

（2）填写实验记录表。

# 实验二十六　自由对流横管管外放热系数测定实验

## 一、实验目的

（1）了解并熟悉空气沿水平横管表面自由运动放热实验装置的构成和作用；

（2）熟悉实验方法和实验原理，巩固所学理论知识；

（3）掌握测定单管的自由运动放热系数$\alpha$的方法；

（4）根据对自由运动放热的相似分析，整理出准则方程式。

## 二、实验原理

实验时，对实验管进行加热，热量是以对流和辐射两种方式散发的，对流换热量为总热量与辐射换热量之差，即

$$Q_c = Q - Q_r$$

$$Q = W = IU$$

而

$$Q_c = \alpha F(t_w - t_f)$$

$$Q_r = C_0 \varepsilon F\left[\left(\frac{T_w}{100}\right)^4 - \left(\frac{T_f}{100}\right)^4\right]$$

所以，

$$\alpha = \frac{IU}{F\left(t_w - t_f\right)} - \frac{C_0 \varepsilon}{\left(t_w - t_f\right)}\left[\left(\frac{T_w}{100}\right)^4 - \left(\frac{T_f}{100}\right)^4\right]$$

式中：$F$——表面积；

$Q$——总热量；

$Q_r$——辐射换热量；

$Q_c$——对流换热量；

$\varepsilon$——实验管表面黑度；

$C_0$——黑体的辐射系数；

$t_w$——管壁平均温度；

$t_f$——室内空气温度；

$\alpha$——自由运动放热系数。

根据相似理论，对于自由对流放热，努谢尔特数 $N_u$ 是格拉晓夫数 $G_r$、普朗特数 $P_r$ 的函数，即

$$N_u = f\left(G_r \cdot P_r\right)^n = C\left(P_r \cdot G_r\right)^n$$

式中：$C$、$n$ 是通过实验确定的常数。

为了确定上述关系式的具体形式，根据所测数据计算结果求出准则数：

$$N_u = \frac{\alpha d}{\lambda}$$

$$G_r = \frac{g\Delta t\beta d^3}{v^2}$$

式中：$P_r$、$\lambda$、$\beta$、$v$ 等物性参数由定性温度从有关书中查出。

改变加热量，可求得一组准则数，把几组数据标在对数坐标中，得到以 $N_u$ 为纵坐标、$G_r \cdot P_r$ 为横坐标的一系列点，画一条直线，使大多数点落在这条线上或周围，根据 $\lg N_u = \lg C + n\lg(G_r \cdot P_r)$，则这条曲线的斜率即为 $n$，截距为 $C$。

## 三、实验设备

实验装置如图 1 所示。主要由实验管、支架、测量仪表电控箱等组成，实验装置包含 4 根不同直径、不同长度的实验管，实验管的结构及尺寸如图 2 所示。4 根实验管分别水平地悬挂在支架上，实验管中间装有电加热器，

其电源线在管的两端引出，可以通过接触式调压器以给定电压使实验管加热。实验管上有热电偶嵌入管壁，可测量管壁的温度，由安装在电控箱上的测温数显表通过转换开关读取温度值。电加热功率则可用数显电压表、电流表测定读取并加以计算得出。

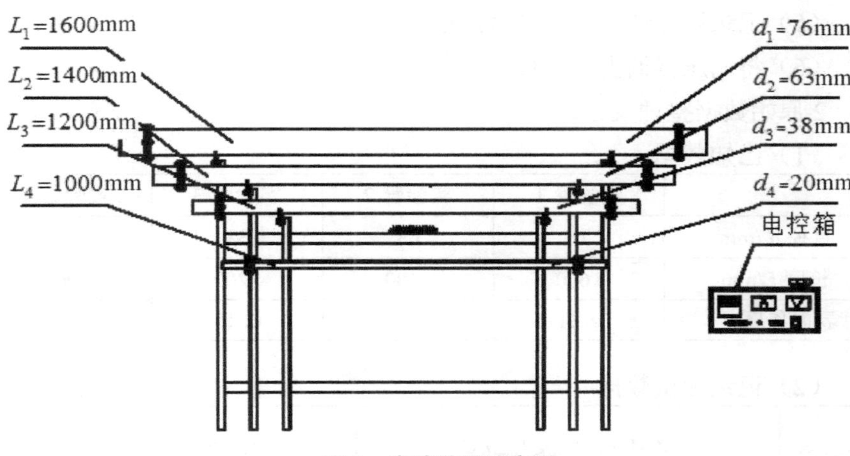


图 1　实验装置示意图

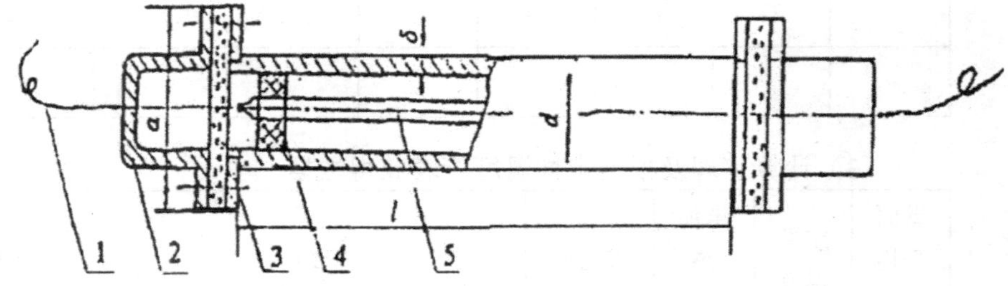


1—电源引出线；2—电源引出孔；3—聚苯乙烯泡沫；

4—绝热材料；5—电加热器

图 2　实验管结构示意图

## 四、实验步骤

1.实验步骤

（1）正确连接好线路，经指导教师检查后接通电源。

（2）按动控制箱上控制开关，选择任一直径的实验管，缓慢调节调压器旋钮至 50 V 对实验管进行加热，待测温点温度浮动 2 ℃左右时，认为实验工况稳定。

（3）间隔半小时再记一次，直到两组数据接近为止。

（4）取两组接近的数据的平均值，作为计算数据。

（5）记录温度计表示的空气温度值。

（6）将调压器调整回零位，切断电源。

2.原始数据整理及记录

（1）已知数据

| | 实验管 1 | 实验管 2 | 实验管 3 | 实验管 4 |
|---|---|---|---|---|
| 直径 $d$ /mm | 76 | 63 | 38 | 20 |
| 长度 $L$/mm | 1600 | 1400 | 1200 | 1000 |
| 表面黑度 $\varepsilon$ | 0. 11 | 0. 15 | 0. 15 | 0. 15 |

（2）记录测试数据

| 实验管序号 | 壁面测点温度 $t_{wn}$ /℃ | | | | 电加热 | | 室温 $t_f$ /℃ |
|---|---|---|---|---|---|---|---|
| | $T_1$ | $T_2$ | $T_3$ | $T_4$ | 电流/A | 电压/V | |
| | | | | | | | |

（3）计算整理及根据定性温度查表获得数据

| 壁面平均温度 $t_w$ | 定性温度 $t_m$ | 电加热功率/W | 表面积 $F$ | $P_r$ | $\lambda\times10^2$ (W/(m·K)) | $\beta\times10^3$ | $\nu\times10^6$ (m²/s) |
|---|---|---|---|---|---|---|---|
| | | | | | | | |
| 注：定性温度 $t_m=\dfrac{t_w+t_f}{2}$， 膨胀系数 $\beta=\dfrac{1}{t_m+273}$ | | | | | | | |

## 五、实验报告内容

（1）简述求准则方程中常数 $C$、$n$ 的方法。

（2）记录实验数据填入表中。

（3）实验数据整理及根据定性温度查表获得数据，填表。

（4）结合本次实验测试数据计算放热系数$\alpha$、努谢尔特数$N_u$和格拉晓夫数$G_r$的值。

## 六、注意事项

（1）4 根实验管应置于独立空间无空气扰动环境内。

（2）对应电控箱上管径标识，逐根管进行加热实验，加热过程应通过调压器逐渐增加电压数至需求电压，并稳定电压工况。

（3）加热过程中出现线路短路或热电偶数值不稳、不准，必须等实验管冷却后再查找原因。

（4）实验管的放热缓慢，所以实验后也不应触碰实验管，需其自行冷却。

# 实验二十七　换热器综合性能实验

## 一、实验目的

（1）熟悉套管式换热器、列管式换热器和螺旋板式换热器的结构特点及性能的差别；

（2）掌握套管式换热器、列管式换热器和螺旋板式换热器的工作原理；

（3）学会换热器的操作方法，掌握换热器主要性能指标的测定方法。

## 二、实验原理

1.间壁式换热器结构特点和换热原理

间壁式换热器是在冷热两种流体之间用金属壁（或石墨等导热性好的非金属壁）隔开，以使两种流体在不相混合的情况下进行热量交换。间壁式换热器是应用最多的一类换热器，因此着重介绍下面三种间壁式换热器。

（1）套管式换热器的结构及换热原理

套管式换热器是以同心套管中的内管作为传热元件的换热器。两种不同直径的管子套在一起组成同心套管，热量通过内管管壁由一种流体传递给另一种流体，结构如图 1 所示。

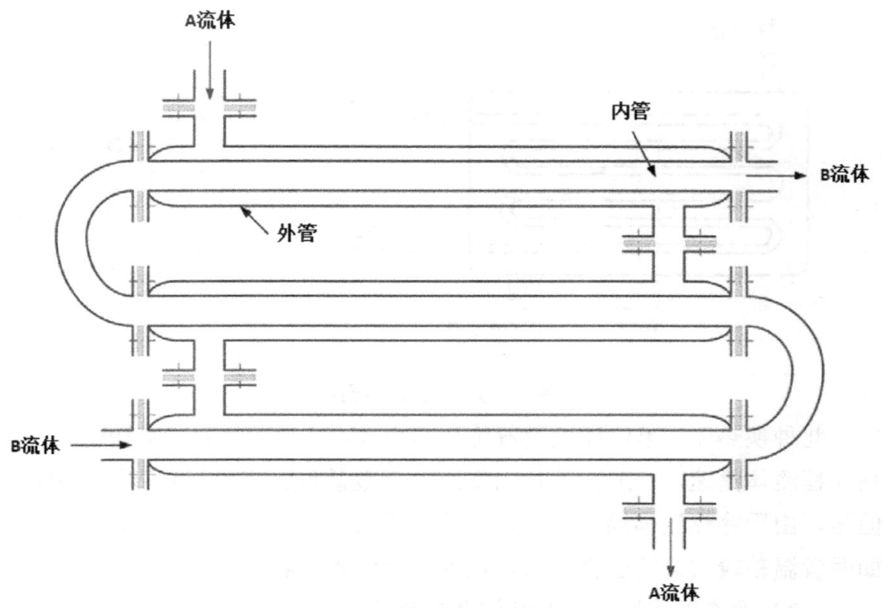


**图 1　套管式换热器结构**

套管中外管的两端与内管采用焊接或法兰连接。内管与U形管多用法兰连接，便于传热管的清洗和增减。这种换热器传热面积最高达 18 $m^2$，故适用于小容量换热，广泛用于石油、石油化工等工业部门。它的优点是结构简单，加工方便，能耐高压，传热系数较大，能保持完全逆流使平均对数温差最大，可增减管段数量，应用方便；缺点是结构不紧凑，金属消耗量大，接头多而易漏，占地面积较大。

（2）列管式换热器的结构及换热原理

列管式换热器又称为管壳式换热器，是最典型的间壁式换热器，目前是化工制品及酒精生产上应用最广的一种换热器。它主要由壳体、管板、换热管、封头、折流挡板等组成。在进行换热时，一种流体由封头的连结管处进入，在管内流动，从封头另一端的出口管流出，称为管程；另一种流体由壳体的接管进入，从壳体上的另一接管处流出，称为壳程。列管式换热器结构如图 2 所示。

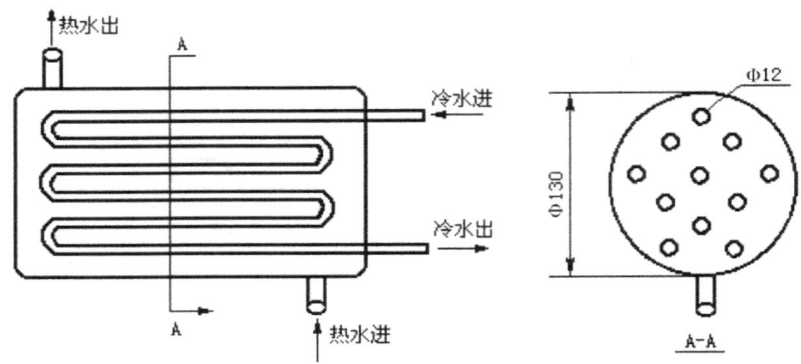


**图 2　列管式换热器结构**

此种换热器，单位体积设备传热面积大，传热效果好，结构坚固。为提高壳程流体流速，一般在壳体内安装一定数量与管束相互垂直的折流挡板。但是，由于冷热流体温度不同，壳体和管束受热不同，其膨胀程度也不同，如两者温差较大，管子会扭弯，从管板上脱落，甚至会毁坏换热器。

（3）螺旋板式换热器的结构及换热原理

螺旋板式换热器主要由两张平行的薄钢板卷制而成，构成一对互相隔开的螺旋形流道。冷热两种流体以螺旋板为传热面在其中流动，两板之间焊有定距柱以维持流道间距，同时也可增加螺旋板的刚度。在换热器中心设有中心隔板，使两个螺旋通道隔开。在顶部、底部分别焊有盖板或封头和两种流体的出入接管，结构如图 3 所示。

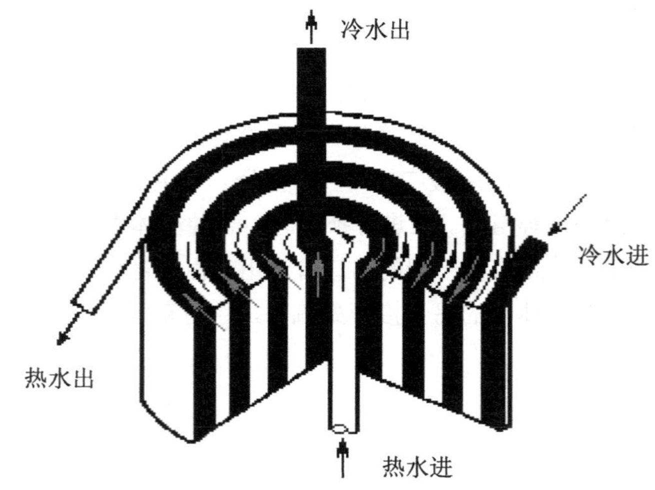


**图 3　螺旋板式换热器结构**

螺旋板换热器的特点如下：

优点：结构紧凑，传热效率高，不易堵塞，结构紧凑，A/V 大，成本较低。

缺点：操作压力、温度不能太高，螺旋板难以维修，流体阻力较大。

2.换热器主要性能指标的计算方法

（1）换热器的传热方程

$$Q = KF\Delta t_m$$

（2）热水和冷水热交换平衡方程式

$$Q_{\mathrm{heat}}=Q_{\mathrm{cold}}$$

即

$$G_h c_{p,h}(t_{h1}-t_{h2})=G_c c_{p,c}(t_{c2}-t_{c1})$$

式中：$Q$——换热器整个传热面上的热流量；

$K$——总传热系数；

$F$——总传热面积；

$\Delta t_m$——换热器的平均温差或平均温度；

$Q_{\mathrm{heat}}$——热水放热量；

$Q_{\mathrm{cold}}$——冷水放热量；

$G_{\mathrm{heat}}$、$G_{\mathrm{cold}}$——热、冷水的质量流量；

$c_{p,h}$、$c_{p,c}$——热、冷水的定压比热；

$t_{h1}$、$t_{h2}$——热水的进、出口温度；

$t_{c1}$、$t_{c2}$——冷水的进、出口温度。

（3）换热器的平均温差，不论顺流、逆流都可以采用对数平均温差的形式，即

$$\Delta t_m = \frac{\Delta t_{\max} - \Delta t_{\min}}{\ln \dfrac{\Delta t_{\max}}{\Delta t_{\min}}}$$

式中：$\Delta t_{\max}$——冷、热水在换热器某一端的最大温差；

$\Delta t_{\min}$——冷、热水在换热器某一端的最小温差。

（4）以热水放热量为基准，设热水放热量和冷水吸热量之和的平均值为换热器的整个传热面上的热流量，则有

$$Q = \frac{Q_{\text{heat}} + Q_{\text{cold}}}{2}$$

（5）热平衡误差

$$\delta = \frac{Q_{\text{heat}} - Q_{\text{cold}}}{Q} \times 100\%$$

（6）总传热系数

$$K = \frac{Q}{F\Delta t_m}$$

（7）热、冷流体的质量流量 $G_{\text{heat}}$、$G_{\text{cold}}$ 是根据浮子流量计读数转换而来的，可以按照以下公式换算：

$$l/h = 0.000278$$

## 三、实验设备

本实验装置采用冷水顺逆流电磁换向阀门组调节冷水流动方向进行顺逆流换向实验，工作原理如图 4 所示。换热形式为热水—冷水换热式。

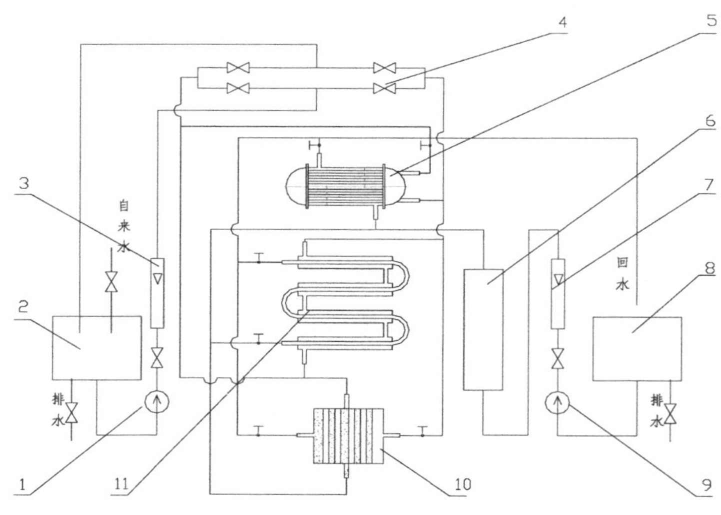


1—冷水泵；2—冷水箱；3—冷水涡轮流量传感器；4—冷水顺逆流换向阀门组；5—列管式换热器；6—电加热水箱；7—热水涡轮流量传感器；8—回水箱；9—热水泵；10—螺旋板式换热器；11—套管式换热器

**图 4　换热器综合实验台原理图**

换热器实验台有关结构参数如表 1 所示。

**表 1　换热器的结构参数**

| 换热器总传热面积 $F/m^2$ | | | 电加热器功率/kW | 热水泵 | |
|---|---|---|---|---|---|
| 套管式 | 列管式 | 螺旋板式 | 自动 | 功率/W | 允许水温/℃ |
| 0. 22 | 0. 57 | 0. 11 | 9 | 370 | <80 |

## 四、实验步骤及记录

1.实验步骤

（1）实验前，确保冷水箱、热水箱充满水，水质需清洁，不能有纸屑及沉淀等杂物。

（2）打开电加热水箱的排气阀门，当有水流出时关闭排气阀门，排尽空气。

（3）将冷热水泵进口处的过滤器螺母拧开，取出过滤器里面的过滤网，将过滤网放到清水中洗去上面的污物，以防过滤网上污物太多，堵塞热水和冷水管路系统。清洁完成后，将过滤网放回过滤器中，利用扳手将过滤器螺丝拧紧，以防漏水。

（4）检查插座电源是否正确，确保电源不会缺相，然后将装置电源插头插到插座上。

（5）开启实验装置面板上的总电源闸刀开关。

（6）做相应的换热器实验时，首先要使此换热器冷水调节手阀旋钮调至“Open”最大位置，其他换热器冷水调节手阀旋钮调至“Close”最小位置。

（7）长按显示屏操作面板上的 K1 键（大于 2 s）进入设置界面，按 K3（+）、K4（−）温度调节加减键设置电加热水箱到 75 ℃以下的某一指定温度，如 60 ℃，按 K2 键保存并退出设置界面，再按 K2 键调制逆流模式。

（8）按 K3 键选择相应的换热器进行实验，检查此换热器冷水调节手阀是否处于“Open”打开状态，其他换热器冷水调节手阀处于“Close”关闭状态。

（9）按 K5 键启动热水泵运行（检查压力表、流量表是否正常），调节加热器旋钮至最大位置，使电加热器水箱水温升至预设定温度（热水泵启动后，加热器才能供电，要先启动热水泵）。经过一段时间后，电加热水箱水温升至预定温度后系统就进入自动控制温度的状态。

（10）启动冷水泵，并调整到合适流量（检查压力表、流量表是否正常）。经过一段时间，热交换平衡后，显示屏上观测到的换热器冷热水进口、出口温度达到基本稳定，记录换热器冷热水进口、出口温度，并填表 2。

（11）改变冷水流量，热交换平衡后，记录换热器冷热水进口、出口温度，并填表 2。

（12）完毕后，按 K5 键关闭热水泵，按 K4 键关闭冷水泵。

（13）改变换热器实验时，重复（6）～（12）步骤。

2.原始数据记录

**表 2　实验数据记录**

| 换热器型式 | 热交换形式 | 测量次数 | 热流体 | | | 冷流体 | | |
|---|---|---|---|---|---|---|---|---|
| | | | 进水 $t_{h1}$/℃ | 出水 $t_{h2}$/℃ | 流量 $G_{heat}$/(L/h) | 进水 $t_{c1}$/℃ | 出水 $t_{c2}$/℃ | 流量 $G_{cold}$/(L/h) |
| 卡套式 | 逆流 | 1 | | | 500 | | | 500 |
| | | 2 | | | 500 | | | 400 |
| | | 3 | | | 500 | | | 300 |
| 列管式 | 逆流 | 1 | | | 700 | | | 500 |
| | | 2 | | | 700 | | | 400 |
| | | 3 | | | 700 | | | 300 |
| 螺旋板式 | 逆流 | 1 | | | 700 | | | 500 |
| | | 2 | | | 700 | | | 400 |
| | | 3 | | | 700 | | | 300 |

注意：由于显示仪表的原因，规定：

（1）热水温度高的为进水 $t_{h1}$，温度低的为出水 $t_{h2}$；

（2）冷水温度低的为进水 $t_{c1}$，温度高的为出水 $t_{c2}$。

## 五、实验报告内容

（1）间壁式换热器进行换热的工作原理是什么？

（2）你曾接触过哪些换热器，它们各自的优缺点是什么？

（3）填写实验记录表。

（4）增强传热的方法有哪些？

（5）根据所记录的实验数据，选择一种换热器计算总传热系数、对数平均传热温差及热平衡误差。

（6）谈谈你的实验体会及建议。

## 六、注意事项

（1）由于热水泵的性能限制，热水箱内的水温一般不要超过 75 ℃。

（2）水泵运转时，需排除水泵内的气体，否则水泵不能正常运转。

（3）实验结束后首先关闭电加热器，再然后关闭冷、热水泵，5 min 后切断全部电源。

# 参 考 文 献

[1] 王伯雄．工程测试技术[M]．北京：清华大学出版社，2012．
[2] 熊诗波，黄长艺．机械工程测试技术基础[M]．北京：机械工业出版社，2011．
[3] 谢里阳．机械工程测试技术[M]．北京：机械工业出版社，2012．
[4] 高晓蓉．传感器技术[M]．成都：西南交通大学出版社，2003．
[5] 李长友．工程热力学与传热学[M]．北京：中国农业大学出版社，2015．
[6] 刘习军，贾启芬．工程振动理论与测试技术[M]．北京：高等教育出版社，2004．

# 附　　录

## 附录 A　热电阻分度表（ITS-90）

### 铂热电阻 PT100 分度表（ITS-90）

| 温度/℃ | 0 | 1 | 2 | 3 | 4 | 5 | 6 | 7 | 8 | 9 |
|---|---|---|---|---|---|---|---|---|---|---|
| | 电阻值/Ω | | | | | | | | | |
| -200 | 18.52 | — | — | — | — | — | — | — | — | — |
| -190 | 22.83 | 22.4 | 21.97 | 21.54 | 21.11 | 20.68 | 20.25 | 19.82 | 19.38 | 18.95 |
| -180 | 27.1 | 26.67 | 26.24 | 25.82 | 25.39 | 24.97 | 24.54 | 24.11 | 23.68 | 23.25 |
| -170 | 31.34 | 30.91 | 30.49 | 30.07 | 29.64 | 29.22 | 28.8 | 28.37 | 27.95 | 27.52 |
| -160 | 35.54 | 35.12 | 34.7 | 34.28 | 33.86 | 33.44 | 33.02 | 32.6 | 32.18 | 31.76 |
| -150 | 39.72 | 39.31 | 38.89 | 38.47 | 38.05 | 37.64 | 37.22 | 36.8 | 36.38 | 35.96 |
| -140 | 43.88 | 43.46 | 43.05 | 42.63 | 42.22 | 41.8 | 41.39 | 40.97 | 40.56 | 40.14 |
| -130 | 48 | 47.59 | 47.18 | 46.77 | 46.36 | 45.94 | 45.53 | 45.12 | 44.7 | 44.29 |
| -120 | 52.11 | 51.7 | 51.29 | 50.88 | 50.47 | 50.06 | 49.65 | 49.24 | 48.83 | 48.42 |
| -110 | 56.19 | 55.79 | 55.38 | 54.97 | 54.56 | 54.15 | 53.75 | 53.34 | 52.93 | 52.52 |
| -100 | 60.26 | 59.85 | 59.44 | 59.04 | 58.63 | 58.23 | 57.82 | 57.41 | 57.01 | 56.6 |
| -90 | 64.3 | 63.9 | 63.49 | 63.09 | 62.68 | 62.28 | 61.88 | 61.47 | 61.07 | 60.66 |
| -80 | 68.33 | 67.92 | 67.52 | 67.12 | 66.72 | 66.31 | 65.91 | 65.51 | 65.11 | 64.7 |
| -70 | 72.33 | 71.93 | 71.53 | 71.13 | 70.73 | 70.33 | 69.93 | 69.53 | 69.13 | 68.73 |
| -60 | 76.33 | 75.93 | 75.53 | 75.13 | 74.73 | 74.33 | 73.93 | 73.53 | 73.13 | 72.73 |
| -50 | 80.31 | 79.91 | 79.51 | 79.11 | 78.72 | 78.32 | 77.92 | 77.52 | 77.12 | 76.73 |
| -40 | 84.27 | 83.87 | 83.48 | 83.08 | 82.69 | 82.29 | 81.89 | 81.5 | 81.1 | 80.7 |
| -30 | 88.22 | 87.83 | 87.43 | 87.04 | 86.64 | 86.25 | 85.85 | 85.46 | 85.06 | 84.67 |

（续表）

| 温度 | 0 | 1 | 2 | 3 | 4 | 5 | 6 | 7 | 8 | 9 |
|---|---|---|---|---|---|---|---|---|---|---|
| /℃ | 电阻值/Ω | | | | | | | | | |
| -20 | 92.16 | 91.77 | 91.37 | 90.98 | 90.59 | 90.19 | 89.8 | 89.4 | 89.01 | 88.62 |
| -10 | 96.09 | 95.69 | 95.3 | 94.91 | 94.52 | 94.12 | 93.73 | 93.34 | 92.95 | 92.55 |
| 0 | 100 | 99.61 | 99.22 | 98.83 | 98.44 | 98.04 | 97.65 | 97.26 | 96.87 | 96.48 |
| 0 | 100 | 100.39 | 100.78 | 101.17 | 101.56 | 101.95 | 102.34 | 102.73 | 103.12 | 103.51 |
| 10 | 103.9 | 104.29 | 104.68 | 105.07 | 105.46 | 105.85 | 106.24 | 106.63 | 107.02 | 107.4 |
| 20 | 107.79 | 108.18 | 108.57 | 108.96 | 109.35 | 109.73 | 110.12 | 110.51 | 110.9 | 111.29 |
| 30 | 111.67 | 112.06 | 112.45 | 112.83 | 113.22 | 113.61 | 114 | 114.38 | 114.77 | 115.15 |
| 40 | 115.54 | 115.93 | 116.31 | 116.7 | 117.08 | 117.47 | 117.86 | 118.24 | 118.63 | 119.01 |
| 50 | 119.4 | 119.78 | 120.17 | 120.55 | 120.94 | 121.32 | 121.71 | 122.09 | 122.47 | 122.86 |
| 60 | 123.24 | 123.63 | 124.01 | 124.39 | 124.78 | 125.16 | 125.54 | 125.93 | 126.31 | 126.69 |
| 70 | 127.08 | 127.46 | 127.84 | 128.22 | 128.61 | 128.99 | 129.37 | 129.75 | 130.13 | 130.52 |
| 80 | 130.9 | 131.28 | 131.66 | 132.04 | 132.42 | 132.8 | 133.18 | 133.57 | 133.95 | 134.33 |
| 90 | 134.71 | 135.09 | 135.47 | 135.85 | 136.23 | 136.61 | 136.99 | 137.37 | 137.75 | 138.13 |
| 100 | 138.51 | 138.88 | 139.26 | 139.64 | 140.02 | 140.4 | 140.78 | 141.16 | 141.54 | 141.91 |
| 110 | 142.29 | 142.67 | 143.05 | 143.43 | 143.8 | 144.18 | 144.56 | 144.94 | 145.31 | 145.69 |
| 120 | 146.07 | 146.44 | 146.82 | 147.2 | 147.57 | 147.95 | 148.33 | 148.7 | 149.08 | 149.46 |
| 130 | 149.83 | 150.21 | 150.58 | 150.96 | 151.33 | 151.71 | 152.08 | 152.46 | 152.83 | 153.21 |
| 140 | 153.58 | 153.96 | 154.33 | 154.71 | 155.08 | 155.46 | 155.83 | 156.2 | 156.58 | 156.95 |
| 150 | 157.33 | 157.7 | 158.07 | 158.45 | 158.82 | 159.19 | 159.56 | 159.94 | 160.31 | 160.68 |
| 160 | 161.05 | 161.43 | 161.8 | 162.17 | 162.54 | 162.91 | 163.29 | 163.66 | 164.03 | 164.4 |
| 170 | 164.77 | 165.14 | 165.51 | 165.89 | 166.26 | 166.63 | 167 | 167.37 | 167.74 | 168.11 |
| 180 | 168.48 | 168.85 | 169.22 | 169.59 | 169.96 | 170.33 | 170.7 | 171.07 | 171.43 | 171.8 |
| 190 | 172.17 | 172.54 | 172.91 | 173.28 | 173.65 | 174.02 | 174.38 | 174.75 | 175.12 | 175.49 |
| 200 | 175.86 | 176.22 | 176.59 | 176.96 | 177.33 | 177.69 | 178.06 | 178.43 | 178.79 | 179.16 |
| 210 | 179.53 | 179.89 | 180.26 | 180.63 | 180.99 | 181.36 | 181.72 | 182.09 | 182.46 | 182.82 |
| 220 | 183.19 | 183.55 | 183.92 | 184.28 | 184.65 | 185.01 | 185.38 | 185.74 | 186.11 | 186.47 |
| 230 | 186.84 | 187.2 | 187.56 | 187.93 | 188.29 | 188.66 | 189.02 | 189.38 | 189.75 | 190.11 |
| 240 | 190.47 | 190.84 | 191.2 | 191.56 | 191.92 | 192.29 | 192.65 | 193.01 | 193.37 | 193.74 |
| 250 | 194.1 | 194.46 | 194.82 | 195.18 | 195.55 | 195.91 | 196.27 | 196.63 | 196.99 | 197.35 |
| 260 | 197.71 | 198.07 | 198.43 | 198.79 | 199.15 | 199.51 | 199.87 | 200.23 | 200.59 | 200.95 |

（续表）

| 温度/℃ | 0 | 1 | 2 | 3 | 4 | 5 | 6 | 7 | 8 | 9 |
|---|---|---|---|---|---|---|---|---|---|---|
| | 电阻值/Ω | | | | | | | | | |
| 270 | 201.31 | 201.67 | 202.03 | 202.39 | 202.75 | 203.11 | 203.47 | 203.83 | 204.19 | 204.55 |
| 280 | 204.9 | 205.26 | 205.62 | 205.98 | 206.34 | 206.7 | 207.05 | 207.41 | 207.77 | 208.13 |
| 290 | 208.48 | 208.84 | 209.2 | 209.56 | 209.91 | 210.27 | 210.63 | 210.98 | 211.34 | 211.7 |
| 300 | 212.05 | 212.41 | 212.76 | 213.12 | 213.48 | 213.83 | 214.19 | 214.54 | 214.9 | 215.25 |
| 310 | 215.61 | 215.96 | 216.32 | 216.67 | 217.03 | 217.38 | 217.74 | 218.09 | 218.44 | 218.8 |
| 320 | 219.15 | 219.51 | 219.86 | 220.21 | 220.57 | 220.92 | 221.27 | 221.63 | 221.98 | 222.33 |
| 330 | 222.68 | 223.04 | 223.39 | 223.74 | 224.09 | 224.45 | 224.8 | 225.15 | 225.5 | 225.85 |
| 340 | 226.21 | 226.56 | 226.91 | 227.26 | 227.61 | 227.96 | 228.31 | 228.66 | 229.02 | 229.37 |
| 350 | 229.72 | 230.07 | 230.42 | 230.77 | 231.12 | 231.47 | 231.82 | 232.17 | 232.52 | 232.87 |
| 360 | 233.21 | 233.56 | 233.91 | 234.26 | 234.61 | 234.96 | 235.31 | 235.66 | 236 | 236.35 |
| 370 | 236.7 | 237.05 | 237.4 | 237.74 | 238.09 | 238.44 | 238.79 | 239.13 | 239.48 | 239.83 |
| 380 | 240.18 | 240.52 | 240.87 | 241.22 | 241.56 | 241.91 | 242.26 | 242.6 | 242.95 | 243.29 |
| 390 | 243.64 | 243.99 | 244.33 | 244.68 | 245.02 | 245.37 | 245.71 | 246.06 | 246.4 | 246.75 |
| 400 | 247.09 | 247.44 | 247.78 | 248.13 | 248.47 | 248.81 | 249.16 | 249.5 | 245.85 | 250.19 |
| 410 | 250.53 | 250.88 | 251.22 | 251.56 | 251.91 | 252.25 | 252.59 | 252.93 | 253.28 | 253.62 |
| 420 | 253.96 | 254.3 | 254.65 | 254.99 | 255.33 | 255.67 | 256.01 | 256.35 | 256.7 | 257.04 |
| 430 | 257.38 | 257.72 | 258.06 | 258.4 | 258.74 | 259.08 | 259.42 | 259.76 | 260.1 | 260.44 |
| 440 | 260.78 | 261.12 | 261.46 | 261.8 | 262.14 | 262.48 | 262.82 | 263.16 | 263.5 | 263.84 |
| 450 | 264.18 | 264.52 | 264.86 | 265.2 | 265.53 | 265.87 | 266.21 | 266.55 | 266.89 | 267.22 |
| 460 | 267.56 | 267.9 | 268.24 | 268.57 | 268.91 | 269.25 | 269.59 | 269.92 | 270.26 | 270.6 |
| 470 | 270.93 | 271.27 | 271.61 | 271.94 | 272.28 | 272.61 | 272.95 | 273.29 | 273.62 | 273.96 |
| 480 | 274.29 | 274.63 | 274.96 | 275.3 | 275.63 | 275.97 | 276.3 | 276.64 | 276.97 | 277.31 |
| 490 | 277.64 | 277.98 | 278.31 | 278.64 | 278.98 | 279.31 | 279.64 | 279.98 | 280.31 | 280.64 |
| 500 | 280.98 | 281.31 | 281.64 | 281.98 | 282.31 | 282.64 | 282.97 | 283.31 | 283.64 | 283.97 |
| 510 | 284.3 | 284.63 | 284.97 | 285.3 | 285.63 | 285.96 | 286.29 | 286.62 | 286.85 | 287.29 |
| 520 | 287.62 | 287.95 | 288.28 | 288.61 | 288.94 | 289.27 | 289.6 | 289.93 | 290.26 | 290.59 |
| 530 | 290.92 | 291.25 | 291.58 | 291.91 | 292.24 | 292.56 | 292.89 | 293.22 | 293.55 | 293.88 |
| 540 | 294.21 | 294.54 | 294.86 | 295.19 | 295.52 | 295.85 | 296.18 | 296.5 | 296.83 | 297.16 |
| 550 | 297.49 | 297.81 | 298.14 | 298.47 | 298.8 | 299.12 | 299.45 | 299.78 | 300.1 | 300.43 |
| 560 | 300.75 | 301.08 | 301.41 | 301.73 | 302.06 | 302.38 | 302.71 | 303.03 | 303.36 | 303.69 |

（续表）

| 温度 | 0 | 1 | 2 | 3 | 4 | 5 | 6 | 7 | 8 | 9 |
|---|---|---|---|---|---|---|---|---|---|---|
| /℃ | 电阻值/Ω | | | | | | | | | |
| 570 | 304.01 | 304.34 | 304.66 | 304.98 | 305.31 | 305.63 | 305.96 | 306.28 | 306.61 | 306.93 |
| 580 | 307.25 | 307.58 | 307.9 | 308.23 | 308.55 | 308.87 | 309.2 | 309.52 | 309.84 | 310.16 |
| 590 | 310.49 | 310.81 | 311.13 | 311.45 | 311.78 | 312.1 | 312.42 | 312.74 | 313.06 | 313.39 |
| 600 | 313.71 | 314.03 | 314.35 | 314.67 | 314.99 | 315.31 | 315.64 | 315.96 | 316.28 | 316.6 |
| 610 | 316.92 | 317.24 | 317.56 | 317.88 | 318.2 | 318.52 | 318.84 | 319.16 | 319.48 | 319.8 |
| 620 | 320.12 | 320.43 | 320.75 | 321.07 | 321.39 | 321.71 | 322.03 | 322.35 | 322.67 | 322.98 |
| 630 | 323.3 | 323.62 | 323.94 | 324.26 | 324.57 | 324.89 | 325.21 | 325.53 | 325.84 | 326.16 |
| 640 | 326.48 | 326.79 | 327.11 | 327.43 | 327.74 | 328.06 | 328.38 | 328.69 | 329.01 | 329.32 |
| 650 | 329.64 | 329.96 | 330.27 | 330.59 | 330.9 | 331.22 | 331.53 | 331.85 | 332.16 | 332.4 |
| 660 | 332.79 | — | — | — | — | — | — | — | — | — |

## 铜热电阻 CU50 分度表（ITS-90）

| 温度/℃ | 0 | 1 | 2 | 3 | 4 | 5 | 6 | 7 | 8 | 9 |
|---|---|---|---|---|---|---|---|---|---|---|
| | 电阻值/Ω | | | | | | | | | |
| 0 | 50 | 50.21 | 50.43 | 50.64 | 50.86 | 51.07 | 51.28 | 51.5 | 51.71 | 51.93 |
| 10 | 52.14 | 52.36 | 52.57 | 52.78 | 53 | 53.21 | 53.43 | 53.64 | 53.86 | 54.07 |
| 20 | 54.28 | 54.5 | 54.71 | 54.92 | 55.14 | 55.35 | 55.57 | 55.78 | 56 | 56.21 |
| 30 | 56.42 | 56.64 | 56.85 | 54.07 | 57.28 | 57.49 | 57.71 | 57.92 | 58.14 | 58.35 |
| 40 | 58.56 | 58.78 | 58.99 | 59.2 | 59.42 | 59.63 | 59.85 | 60.06 | 60.27 | 60.49 |
| 50 | 60.7 | 60.92 | 61.13 | 61.34 | 61.56 | 61.77 | 61.98 | 62.2 | 62.41 | 62.63 |
| 60 | 62.84 | 63.05 | 63.27 | 63.48 | 63.7 | 63.91 | 64.12 | 64.34 | 64.55 | 64.76 |
| 70 | 64.98 | 65.19 | 65.41 | 65.62 | 65.83 | 66.05 | 66.26 | 66.48 | 66.69 | 66.96 |
| 80 | 67.12 | 67.33 | 67.54 | 67.76 | 67.97 | 68.19 | 68.4 | 68.62 | 68.83 | 69 |
| 90 | 69.26 | 69.47 | 69.68 | 69.9 | 70.11 | 70.33 | 70.54 | 70.76 | 70.97 | 71.18 |
| 100 | 71.4 | 71.61 | 71.83 | 72.04 | 72.25 | 72.47 | 72.68 | 72.8 | 73.11 | 71.33 |
| 110 | 73.54 | 73.75 | 73.97 | 74.18 | 74.4 | 74.61 | 74.83 | 75.04 | 75.26 | 76.47 |
| 120 | 75.68 | 75.9 | 76.11 | 76.33 | 76.54 | 76.76 | 76.97 | 77.19 | 77.4 | 77.62 |

# 附录 B 热电偶分度表（ITS-90）

## 铂铑 10-铂热电偶（S 型）分度表（ITS-90）

| 温度/℃ | 0 | −1 | −2 | −3 | −4 | −5 | −6 | −7 | −8 | −9 |
|---|---|---|---|---|---|---|---|---|---|---|
| | 热电动势/mV（参考端为 0 ℃） | | | | | | | | | |
| −50 | −0.236 | — | — | — | — | — | — | — | — | — |
| −40 | −0.194 | −0.199 | −0.203 | −0.207 | −0.211 | −0.215 | −0.219 | −0.224 | −0.228 | −0.232 |
| −30 | −0.15 | −0.155 | −0.159 | −0.164 | −0.168 | −0.173 | −0.177 | −0.181 | −0.186 | −0.19 |
| −20 | −0.103 | −0.108 | −0.113 | −0.117 | −0.122 | −0.127 | −0.132 | −0.136 | −0.141 | −0.146 |
| −10 | −0.053 | −0.058 | −0.063 | −0.068 | −0.073 | −0.078 | −0.083 | −0.088 | −0.093 | −0.098 |
| 0 | 0 | −0.005 | −0.011 | −0.016 | −0.021 | −0.027 | −0.032 | −0.037 | −0.042 | −0.048 |
| 温度/℃ | 0 | 1 | 2 | 3 | 4 | 5 | 6 | 7 | 8 | 9 |
| | 热电动势/mV（参考端为 0 ℃） | | | | | | | | | |
| 0 | 0 | 0.005 | 0.011 | 0.016 | 0.022 | 0.027 | 0.033 | 0.038 | 0.044 | 0.05 |
| 10 | 0.055 | 0.061 | 0.067 | 0.072 | 0.078 | 0.084 | 0.09 | 0.095 | 0.101 | 0.107 |
| 20 | 0.113 | 0.119 | 0.125 | 0.131 | 0.137 | 0.143 | 0.149 | 0.155 | 0.161 | 0.167 |
| 30 | 0.173 | 0.179 | 0.185 | 0.191 | 0.197 | 0.204 | 0.21 | 0.216 | 0.222 | 0.229 |
| 40 | 0.235 | 0.241 | 0.248 | 0.254 | 0.26 | 0.267 | 0.273 | 0.28 | 0.286 | 0.292 |
| 50 | 0.299 | 0.305 | 0.312 | 0.319 | 0.325 | 0.332 | 0.338 | 0.345 | 0.352 | 0.358 |
| 60 | 0.365 | 0.372 | 0.378 | 0.385 | 0.392 | 0.399 | 0.405 | 0.412 | 0.419 | 0.426 |
| 70 | 0.433 | 0.44 | 0.446 | 0.453 | 0.46 | 0.467 | 0.474 | 0.481 | 0.488 | 0.495 |
| 80 | 0.502 | 0.509 | 0.516 | 0.523 | 0.53 | 0.538 | 0.545 | 0.552 | 0.559 | 0.566 |
| 90 | 0.573 | 0.58 | 0.588 | 0.595 | 0.602 | 0.609 | 0.617 | 0.624 | 0.631 | 0.639 |
| 100 | 0.646 | 0.653 | 0.661 | 0.668 | 0.675 | 0.683 | 0.69 | 0.698 | 0.705 | 0.713 |
| 110 | 0.72 | 0.727 | 0.735 | 0.743 | 0.75 | 0.758 | 0.765 | 0.773 | 0.78 | 0.788 |
| 120 | 0.795 | 0.803 | 0.811 | 0.818 | 0.826 | 0.834 | 0.841 | 0.849 | 0.857 | 0.865 |
| 130 | 0.872 | 0.88 | 0.888 | 0.896 | 0.903 | 0.911 | 0.919 | 0.927 | 0.935 | 0.942 |

（续表）

| 温度/℃ | 0 | 1 | 2 | 3 | 4 | 5 | 6 | 7 | 8 | 9 |
| --- | --- | --- | --- | --- | --- | --- | --- | --- | --- | --- |
| | 热电动势/mV（参考端为 0 ℃） | | | | | | | | | |
| 140 | 0.95 | 0.958 | 0.966 | 0.974 | 0.982 | 0.99 | 0.998 | 1.006 | 1.013 | 1.021 |
| 150 | 1.029 | 1.037 | 1.045 | 1.053 | 1.061 | 1.069 | 1.077 | 1.085 | 1.094 | 1.102 |
| 160 | 1.11 | 1.118 | 1.126 | 1.134 | 1.142 | 1.15 | 1.158 | 1.167 | 1.175 | 1.183 |
| 170 | 1.191 | 1.199 | 1.207 | 1.216 | 1.224 | 1.232 | 1.24 | 1.249 | 1.257 | 1.265 |
| 180 | 1.273 | 1.282 | 1.29 | 1.298 | 1.307 | 1.315 | 1.323 | 1.332 | 1.34 | 1.348 |
| 190 | 1.357 | 1.365 | 1.373 | 1.382 | 1.39 | 1.399 | 1.407 | 1.415 | 1.424 | 1.432 |
| 温度/℃ | 0 | −1 | −2 | −3 | −4 | −5 | −6 | −7 | −8 | −9 |
| | 热电动势/mV（参考端为 0 ℃） | | | | | | | | | |
| 200 | 1.441 | 1.449 | 1.458 | 1.466 | 1.475 | 1.483 | 1.492 | 1.5 | 1.509 | 1.517 |
| 210 | 1.526 | 1.534 | 1.543 | 1.551 | 1.56 | 1.569 | 1.577 | 1.586 | 1.594 | 1.603 |
| 220 | 1.612 | 1.62 | 1.629 | 1.638 | 1.646 | 1.655 | 1.663 | 1.672 | 1.681 | 1.69 |
| 230 | 1.698 | 1.707 | 1.716 | 1.724 | 1.733 | 1.742 | 1.751 | 1.759 | 1.768 | 1.777 |
| 240 | 1.786 | 1.794 | 1.803 | 1.812 | 1.821 | 1.829 | 1.838 | 1.847 | 1.856 | 1.865 |
| 250 | 1.874 | 1.882 | 1.891 | 1.9 | 1.909 | 1.918 | 1.927 | 1.936 | 1.944 | 1.953 |
| 260 | 1.962 | 1.971 | 1.98 | 1.989 | 1.998 | 2.007 | 2.016 | 2.025 | 2.034 | 2.043 |
| 270 | 2.052 | 2.061 | 2.07 | 2.078 | 2.087 | 2.096 | 2.105 | 2.114 | 2.123 | 2.132 |
| 280 | 2.141 | 2.151 | 2.16 | 2.169 | 2.178 | 2.187 | 2.196 | 2.205 | 2.214 | 2.223 |
| 290 | 2.232 | 2.241 | 2.25 | 2.259 | 2.268 | 2.277 | 2.287 | 2.296 | 2.305 | 2.314 |
| 300 | 2.323 | 2.332 | 2.341 | 2.35 | 2.36 | 2.369 | 2.378 | 2.387 | 2.396 | 2.405 |
| 310 | 2.415 | 2.424 | 2.433 | 2.442 | 2.451 | 2.461 | 2.47 | 2.479 | 2.488 | 2.497 |
| 320 | 2.507 | 2.516 | 2.525 | 2.534 | 2.544 | 2.553 | 2.562 | 2.571 | 2.581 | 2.59 |
| 330 | 2.599 | 2.609 | 2.618 | 2.627 | 2.636 | 2.646 | 2.655 | 2.664 | 2.674 | 2.683 |
| 340 | 2.692 | 2.702 | 2.711 | 2.72 | 2.73 | 2.739 | 2.748 | 2.758 | 2.767 | 2.776 |
| 350 | 2.786 | 2.795 | 2.805 | 2.814 | 2.823 | 2.833 | 2.842 | 2.851 | 2.861 | 2.87 |
| 360 | 2.88 | 2.889 | 2.899 | 2.908 | 2.917 | 2.927 | 2.936 | 2.946 | 2.955 | 2.965 |
| 370 | 2.974 | 2.983 | 2.993 | 3.002 | 3.012 | 3.021 | 3.031 | 3.04 | 3.05 | 3.059 |
| 380 | 3.069 | 3.078 | 3.088 | 3.097 | 3.107 | 3.116 | 3.126 | 3.135 | 3.145 | 3.154 |
| 390 | 3.164 | 3.173 | 3.183 | 3.192 | 3.202 | 3.212 | 3.221 | 3.231 | 3.24 | 3.25 |
| 400 | 3.259 | 3.269 | 3.279 | 3.288 | 3.298 | 3.307 | 3.317 | 3.326 | 3.336 | 3.346 |

（续表）

| 温度/℃ | 0 | −1 | −2 | −3 | −4 | −5 | −6 | −7 | −8 | −9 |
|---|---|---|---|---|---|---|---|---|---|---|
| | 热电动势/mV（参考端为 0 ℃） | | | | | | | | | |
| 410 | 3.355 | 3.365 | 3.374 | 3.384 | 3.394 | 3.403 | 3.413 | 3.423 | 3.432 | 3.442 |
| 420 | 3.451 | 3.461 | 3.471 | 3.48 | 3.49 | 3.5 | 3.509 | 3.519 | 3.529 | 3.538 |
| 430 | 3.548 | 3.558 | 3.567 | 3.577 | 3.587 | 3.596 | 3.606 | 3.616 | 3.626 | 3.635 |
| 440 | 3.645 | 3.655 | 3.664 | 3.674 | 3.684 | 3.694 | 3.703 | 3.713 | 3.723 | 3.732 |
| 450 | 3.742 | 3.752 | 3.762 | 3.771 | 3.781 | 3.791 | 3.801 | 3.81 | 3.82 | 3.83 |
| 460 | 3.84 | 3.85 | 3.859 | 3.869 | 3.879 | 3.889 | 3.898 | 3.908 | 3.918 | 3.928 |
| 470 | 3.938 | 3.947 | 3.957 | 3.967 | 3.977 | 3.987 | 3.997 | 4.006 | 4.016 | 4.026 |
| 480 | 4.036 | 4.046 | 4.056 | 4.065 | 4.075 | 4.085 | 4.095 | 4.105 | 4.115 | 4.125 |
| 490 | 4.134 | 4.144 | 4.154 | 4.164 | 4.174 | 4.184 | 4.194 | 4.204 | 4.213 | 4.223 |
| 500 | 4.233 | 4.243 | 4.253 | 4.263 | 4.273 | 4.283 | 4.293 | 4.303 | 4.313 | 4.323 |
| 510 | 4.332 | 4.342 | 4.352 | 4.362 | 4.372 | 4.382 | 4.392 | 4.402 | 4.412 | 4.422 |
| 520 | 4.432 | 4.442 | 4.452 | 4.462 | 4.472 | 4.482 | 4.492 | 4.502 | 4.512 | 4.522 |
| 530 | 4.532 | 4.542 | 4.552 | 4.562 | 4.572 | 4.582 | 4.592 | 4.602 | 4.612 | 4.622 |
| 540 | 4.632 | 4.642 | 4.652 | 4.662 | 4.672 | 4.682 | 4.692 | 4.702 | 4.712 | 4.722 |
| 550 | 4.732 | 4.742 | 4.752 | 4.762 | 4.772 | 4.782 | 4.793 | 4.803 | 4.813 | 4.823 |
| 560 | 4.833 | 4.843 | 4.853 | 4.863 | 4.873 | 4.883 | 4.893 | 4.904 | 4.914 | 4.924 |
| 570 | 4.934 | 4.944 | 4.954 | 4.964 | 4.974 | 4.984 | 4.995 | 5.005 | 5.015 | 5.025 |
| 580 | 5.035 | 5.045 | 5.055 | 5.066 | 5.076 | 5.086 | 5.096 | 5.106 | 5.116 | 5.127 |
| 590 | 5.137 | 5.147 | 5.157 | 5.167 | 5.178 | 5.188 | 5.198 | 5.208 | 5.218 | 5.228 |
| 600 | 5.239 | 5.249 | 5.259 | 5.269 | 5.28 | 5.29 | 5.3 | 5.31 | 5.32 | 5.331 |
| 610 | 5.341 | 5.351 | 5.361 | 5.372 | 5.382 | 5.392 | 5.402 | 5.413 | 5.423 | 5.433 |
| 620 | 5.443 | 5.454 | 5.464 | 5.474 | 5.485 | 5.495 | 5.505 | 5.515 | 5.526 | 5.536 |
| 630 | 5.546 | 5.557 | 5.567 | 5.577 | 5.588 | 5.598 | 5.608 | 5.618 | 5.629 | 5.639 |
| 640 | 5.649 | 5.66 | 5.67 | 5.68 | 5.691 | 5.701 | 5.712 | 5.722 | 5.732 | 5.743 |
| 650 | 5.753 | 5.763 | 5.774 | 5.784 | 5.794 | 5.805 | 5.815 | 5.826 | 5.836 | 5.846 |
| 660 | 5.857 | 5.867 | 5.878 | 5.888 | 5.898 | 5.909 | 5.919 | 5.93 | 5.94 | 5.95 |
| 670 | 5.961 | 5.971 | 5.982 | 5.992 | 6.003 | 6.013 | 6.024 | 6.034 | 6.044 | 6.055 |
| 680 | 6.065 | 6.076 | 6.086 | 6.097 | 6.107 | 6.118 | 6.128 | 6.139 | 6.149 | 6.16 |
| 690 | 6.17 | 6.181 | 6.191 | 6.202 | 6.212 | 6.223 | 6.233 | 6.244 | 6.254 | 6.265 |
| 700 | 6.275 | 6.286 | 6.296 | 6.307 | 6.317 | 6.328 | 6.338 | 6.349 | 6.36 | 6.37 |

（续表）

| 温度/℃ | 0 | -1 | -2 | -3 | -4 | -5 | -6 | -7 | -8 | -9 |
|---|---|---|---|---|---|---|---|---|---|---|
| | 热电动势/mV（参考端为 0 ℃） | | | | | | | | | |
| 710 | 6.381 | 6.391 | 6.402 | 6.412 | 6.423 | 6.434 | 6.444 | 6.455 | 6.465 | 6.476 |
| 720 | 6.486 | 6.497 | 6.508 | 6.518 | 6.529 | 6.539 | 6.55 | 6.561 | 6.571 | 6.582 |
| 730 | 6.593 | 6.603 | 6.614 | 6.624 | 6.635 | 6.646 | 6.656 | 6.667 | 6.678 | 6.688 |
| 740 | 6.699 | 6.71 | 6.72 | 6.731 | 6.742 | 6.752 | 6.763 | 6.774 | 6.784 | 6.795 |
| 750 | 6.806 | 6.817 | 6.827 | 6.838 | 6.849 | 6.859 | 6.87 | 6.881 | 6.892 | 6.902 |
| 760 | 6.913 | 6.924 | 6.934 | 6.945 | 6.956 | 6.967 | 6.977 | 6.988 | 6.999 | 7.01 |
| 770 | 7.02 | 7.031 | 7.042 | 7.053 | 7.064 | 7.074 | 7.085 | 7.096 | 7.107 | 7.117 |
| 780 | 7.128 | 7.139 | 7.15 | 7.161 | 7.172 | 7.182 | 7.193 | 7.204 | 7.215 | 7.226 |
| 790 | 7.236 | 7.247 | 7.258 | 7.269 | 7.28 | 7.291 | 7.302 | 7.312 | 7.323 | 7.334 |
| 800 | 7.345 | 7.356 | 7.367 | 7.378 | 7.388 | 7.399 | 7.41 | 7.421 | 7.432 | 7.443 |
| 810 | 7.454 | 7.465 | 7.476 | 7.487 | 7.497 | 7.508 | 7.519 | 7.53 | 7.541 | 7.552 |
| 820 | 7.563 | 7.574 | 7.585 | 7.596 | 7.607 | 7.618 | 7.629 | 7.64 | 7.651 | 7.662 |
| 830 | 7.673 | 7.684 | 7.695 | 7.706 | 7.717 | 7.728 | 7.739 | 7.75 | 7.761 | 7.772 |
| 840 | 7.783 | 7.794 | 7.805 | 7.816 | 7.827 | 7.838 | 7.849 | 7.86 | 7.871 | 7.882 |
| 850 | 7.893 | 7.904 | 7.915 | 7.926 | 7.937 | 7.948 | 7.959 | 7.97 | 7.981 | 7.992 |
| 860 | 8.003 | 8.014 | 8.026 | 8.037 | 8.048 | 8.059 | 8.07 | 8.081 | 8.092 | 8.103 |
| 870 | 8.114 | 8.125 | 8.137 | 8.148 | 8.159 | 8.17 | 8.181 | 8.192 | 8.203 | 8.214 |
| 880 | 8.226 | 8.237 | 8.248 | 8.259 | 8.27 | 8.281 | 8.293 | 8.304 | 8.315 | 8.326 |
| 890 | 8.337 | 8.348 | 8.36 | 8.371 | 8.382 | 8.393 | 8.404 | 8.416 | 8.427 | 8.438 |
| 900 | 8.449 | 8.46 | 8.472 | 8.483 | 8.494 | 8.505 | 8.517 | 8.528 | 8.539 | 8.55 |
| 910 | 8.562 | 8.573 | 8.584 | 8.595 | 8.607 | 8.618 | 8.629 | 8.64 | 8.652 | 8.663 |
| 920 | 8.674 | 8.685 | 8.697 | 8.708 | 8.719 | 8.731 | 8.742 | 8.753 | 8.765 | 8.776 |
| 930 | 8.787 | 8.798 | 8.81 | 8.821 | 8.832 | 8.844 | 8.855 | 8.866 | 8.878 | 8.889 |
| 940 | 8.9 | 8.912 | 8.923 | 8.935 | 8.946 | 8.957 | 8.969 | 8.98 | 8.991 | 9.003 |
| 950 | 9.014 | 9.025 | 9.037 | 9.048 | 9.06 | 9.071 | 9.082 | 9.094 | 9.105 | 9.117 |
| 960 | 9.128 | 9.139 | 9.151 | 9.162 | 9.174 | 9.185 | 9.197 | 9.208 | 9.219 | 9.231 |
| 970 | 9.242 | 9.254 | 9.265 | 9.277 | 9.288 | 9.3 | 9.311 | 9.323 | 9.334 | 9.345 |
| 980 | 9.357 | 9.368 | 9.38 | 9.391 | 9.403 | 9.414 | 9.426 | 9.437 | 9.449 | 9.46 |
| 990 | 9.472 | 9.483 | 9.495 | 9.506 | 9.518 | 9.529 | 9.541 | 9.552 | 9.564 | 9.576 |
| 1000 | 9.587 | 9.599 | 9.61 | 9.622 | 9.633 | 9.645 | 9.656 | 9.668 | 9.68 | 9.691 |

（续表）

| 温度/℃ | 0 | −1 | −2 | −3 | −4 | −5 | −6 | −7 | −8 | −9 |
|---|---|---|---|---|---|---|---|---|---|---|
| | 热电动势/mV（参考端为 0 ℃） | | | | | | | | | |
| 1010 | 9.703 | 9.714 | 9.726 | 9.737 | 9.749 | 9.761 | 9.772 | 9.784 | 9.795 | 9.807 |
| 1020 | 9.819 | 9.83 | 9.842 | 9.853 | 9.865 | 9.877 | 9.888 | 9.9 | 9.911 | 9.923 |
| 1030 | 9.935 | 9.946 | 9.958 | 9.97 | 9.981 | 9.993 | 10.005 | 10.016 | 10.028 | 10.04 |
| 1040 | 10.051 | 10.063 | 10.075 | 10.086 | 10.098 | 10.11 | 10.121 | 10.133 | 10.145 | 10.156 |
| 1050 | 10.168 | 10.18 | 10.191 | 10.203 | 10.215 | 10.227 | 10.238 | 10.25 | 10.262 | 10.273 |
| 1060 | 10.285 | 10.297 | 10.309 | 10.32 | 10.332 | 10.344 | 10.356 | 10.367 | 10.379 | 10.391 |
| 1070 | 10.403 | 10.414 | 10.426 | 10.438 | 10.45 | 10.461 | 10.473 | 10.485 | 10.497 | 10.509 |
| 1080 | 10.52 | 10.532 | 10.544 | 10.556 | 10.567 | 10.579 | 10.591 | 10.603 | 10.615 | 10.626 |
| 1090 | 10.638 | 10.65 | 10.662 | 10.674 | 10.686 | 10.697 | 10.709 | 10.721 | 10.733 | 10.745 |
| 1100 | 10.757 | 10.768 | 10.78 | 10.792 | 10.804 | 10.816 | 10.828 | 10.839 | 10.851 | 10.863 |
| 1110 | 10.875 | 10.887 | 10.899 | 10.911 | 10.922 | 10.934 | 10.946 | 10.958 | 10.97 | 10.982 |
| 1120 | 10.994 | 11.006 | 11.017 | 11.029 | 11.041 | 11.053 | 11.065 | 11.077 | 11.089 | 11.101 |
| 1130 | 11.113 | 11.125 | 11.136 | 11.148 | 11.16 | 11.172 | 11.184 | 11.196 | 11.208 | 11.22 |
| 1140 | 11.232 | 11.244 | 11.256 | 11.268 | 11.28 | 11.291 | 11.303 | 11.315 | 11.327 | 11.339 |
| 1150 | 11.351 | 11.363 | 11.375 | 11.387 | 11.399 | 11.411 | 11.423 | 11.435 | 11.447 | 11.459 |
| 1160 | 11.471 | 11.483 | 11.495 | 11.507 | 11.519 | 11.531 | 11.542 | 11.554 | 11.566 | 11.578 |
| 1170 | 11.59 | 11.602 | 11.614 | 11.626 | 11.638 | 11.65 | 11.662 | 11.674 | 11.686 | 11.698 |
| 1180 | 11.71 | 11.722 | 11.734 | 11.746 | 11.758 | 11.77 | 11.782 | 11.794 | 11.806 | 11.818 |
| 1190 | 11.83 | 11.842 | 11.854 | 11.866 | 11.878 | 11.89 | 11.902 | 11.914 | 11.926 | 11.939 |
| 1200 | 11.951 | 11.963 | 11.975 | 11.987 | 11.999 | 12.011 | 12.023 | 12.035 | 12.047 | 12.059 |
| 1210 | 12.071 | 12.083 | 12.095 | 12.107 | 12.119 | 12.131 | 12.143 | 12.155 | 12.167 | 12.179 |
| 1220 | 12.191 | 12.203 | 12.216 | 12.228 | 12.24 | 12.252 | 12.264 | 12.276 | 12.288 | 12.3 |
| 1230 | 12.312 | 12.324 | 12.336 | 12.348 | 12.36 | 12.372 | 12.384 | 12.397 | 12.409 | 12.421 |
| 1240 | 12.433 | 12.445 | 12.457 | 12.469 | 12.481 | 12.493 | 12.505 | 12.517 | 12.529 | 12.542 |
| 1250 | 12.554 | 12.566 | 12.578 | 12.59 | 12.602 | 12.614 | 12.626 | 12.638 | 12.65 | 12.662 |
| 1260 | 12.675 | 12.687 | 12.699 | 12.711 | 12.723 | 12.735 | 12.747 | 12.759 | 12.771 | 12.783 |
| 1270 | 12.796 | 12.808 | 12.82 | 12.832 | 12.844 | 12.856 | 12.868 | 12.88 | 12.892 | 12.905 |
| 1280 | 12.917 | 12.929 | 12.941 | 12.953 | 12.965 | 12.977 | 12.989 | 13.001 | 13.014 | 13.026 |
| 1290 | 13.038 | 13.05 | 13.062 | 13.074 | 13.086 | 13.098 | 13.111 | 13.123 | 13.135 | 13.147 |
| 1300 | 13.159 | 13.171 | 13.183 | 13.195 | 13.208 | 13.22 | 13.232 | 13.244 | 13.256 | 13.268 |

（续表）

| 温度/℃ | 0 | -1 | -2 | -3 | -4 | -5 | -6 | -7 | -8 | -9 |
|---|---|---|---|---|---|---|---|---|---|---|
| | 热电动势/mV（参考端为 0 ℃） | | | | | | | | | |
| 1310 | 13.28 | 13.292 | 13.305 | 13.317 | 13.329 | 13.341 | 13.353 | 13.365 | 13.377 | 13.39 |
| 1320 | 13.402 | 13.414 | 13.426 | 13.438 | 13.45 | 13.462 | 13.474 | 13.487 | 13.499 | 13.511 |
| 1330 | 13.523 | 13.535 | 13.547 | 13.559 | 13.572 | 13.584 | 13.596 | 13.608 | 13.62 | 13.632 |
| 1340 | 13.644 | 13.657 | 13.669 | 13.681 | 13.693 | 13.705 | 13.717 | 13.729 | 13.742 | 13.754 |
| 1350 | 13.766 | 13.778 | 13.79 | 13.802 | 13.814 | 13.826 | 13.839 | 13.851 | 13.863 | 13.875 |
| 1360 | 13.887 | 13.899 | 13.911 | 13.924 | 13.936 | 13.948 | 13.96 | 13.972 | 13.984 | 13.996 |
| 1370 | 14.009 | 14.021 | 14.033 | 14.045 | 14.057 | 14.069 | 14.081 | 14.094 | 14.106 | 14.118 |
| 1380 | 14.13 | 14.142 | 14.154 | 14.166 | 14.178 | 14.191 | 14.203 | 14.215 | 14.227 | 14.239 |
| 1390 | 14.251 | 14.263 | 14.276 | 14.288 | 14.3 | 14.312 | 14.324 | 14.336 | 14.348 | 14.36 |
| 1400 | 14.373 | 14.385 | 14.397 | 14.409 | 14.421 | 14.433 | 14.445 | 14.457 | 14.47 | 14.482 |
| 1410 | 14.494 | 14.506 | 14.518 | 14.53 | 14.542 | 14.554 | 14.567 | 14.579 | 14.591 | 14.603 |
| 1420 | 14.615 | 14.627 | 14.639 | 14.651 | 14.664 | 14.676 | 14.688 | 14.7 | 14.712 | 14.724 |
| 1430 | 14.736 | 14.748 | 14.76 | 14.773 | 14.785 | 14.797 | 14.809 | 14.821 | 14.833 | 14.845 |
| 1440 | 14.857 | 14.869 | 14.881 | 14.894 | 14.906 | 14.918 | 14.93 | 14.942 | 14.954 | 14.966 |
| 1450 | 14.978 | 14.99 | 15.002 | 15.015 | 15.027 | 15.039 | 15.051 | 15.063 | 15.075 | 15.087 |
| 1460 | 15.099 | 15.111 | 15.123 | 15.135 | 15.148 | 15.16 | 15.172 | 15.184 | 15.196 | 15.208 |
| 1470 | 15.22 | 15.232 | 15.244 | 15.256 | 15.268 | 15.28 | 15.292 | 15.304 | 15.317 | 15.329 |
| 1480 | 15.341 | 15.353 | 15.365 | 15.377 | 15.389 | 15.401 | 15.413 | 15.425 | 15.437 | 15.449 |
| 1490 | 15.461 | 15.473 | 15.485 | 15.497 | 15.509 | 15.521 | 15.534 | 15.546 | 15.558 | 15.57 |
| 1500 | 15.582 | 15.594 | 15.606 | 15.618 | 15.63 | 15.642 | 15.654 | 15.666 | 15.678 | 15.69 |
| 1510 | 15.702 | 15.714 | 15.726 | 15.738 | 15.75 | 15.762 | 15.774 | 15.786 | 15.798 | 15.81 |
| 1520 | 15.822 | 15.834 | 15.846 | 15.858 | 15.87 | 15.882 | 15.894 | 15.906 | 15.918 | 15.93 |
| 1530 | 15.942 | 15.954 | 15.966 | 15.978 | 15.99 | 16.002 | 16.014 | 16.026 | 16.038 | 16.05 |
| 1540 | 16.062 | 16.074 | 16.086 | 16.098 | 16.11 | 16.122 | 16.134 | 16.146 | 16.158 | 16.17 |
| 1550 | 16.182 | 16.194 | 16.205 | 16.217 | 16.229 | 16.241 | 16.253 | 16.265 | 16.277 | 16.289 |
| 1560 | 16.301 | 16.313 | 16.325 | 16.337 | 16.349 | 16.361 | 16.373 | 16.385 | 16.396 | 16.408 |
| 1570 | 16.42 | 16.432 | 16.444 | 16.456 | 16.468 | 16.48 | 16.492 | 16.504 | 16.516 | 16.527 |
| 1580 | 16.539 | 16.551 | 16.563 | 16.575 | 16.587 | 16.599 | 16.611 | 16.623 | 16.634 | 16.646 |
| 1590 | 16.658 | 16.67 | 16.682 | 16.694 | 16.706 | 16.718 | 16.729 | 16.741 | 16.753 | 16.765 |
| 1600 | 16.777 | 16.789 | 16.801 | 16.812 | 16.824 | 16.836 | 16.848 | 16.86 | 16.872 | 16.883 |

（续表）

| 温度/℃ | 0 | -1 | -2 | -3 | -4 | -5 | -6 | -7 | -8 | -9 |
|---|---|---|---|---|---|---|---|---|---|---|
| | 热电动势/mV（参考端为 0 ℃） | | | | | | | | | |
| 1610 | 16.895 | 16.907 | 16.919 | 16.931 | 16.943 | 16.954 | 16.966 | 16.978 | 16.99 | 17.002 |
| 1620 | 17.013 | 17.025 | 17.037 | 17.049 | 17.061 | 17.072 | 17.084 | 17.096 | 17.108 | 17.12 |
| 1630 | 17.131 | 17.143 | 17.155 | 17.167 | 17.178 | 17.19 | 17.202 | 17.214 | 17.225 | 17.237 |
| 1640 | 17.249 | 17.261 | 17.272 | 17.284 | 17.296 | 17.308 | 17.319 | 17.331 | 17.343 | 17.355 |
| 1650 | 17.366 | 17.378 | 17.39 | 17.401 | 17.413 | 17.425 | 17.437 | 17.448 | 17.46 | 17.472 |
| 1660 | 17.483 | 17.495 | 17.507 | 17.518 | 17.53 | 17.542 | 17.553 | 17.565 | 17.577 | 17.588 |
| 1670 | 17.6 | 17.612 | 17.623 | 17.635 | 17.647 | 17.658 | 17.67 | 17.682 | 17.693 | 17.705 |
| 1680 | 17.717 | 17.728 | 17.74 | 17.751 | 17.763 | 17.775 | 17.786 | 17.798 | 17.809 | 17.821 |
| 1690 | 17.832 | 17.844 | 17.855 | 17.867 | 17.878 | 17.89 | 17.901 | 17.913 | 17.924 | 17.936 |
| 1700 | 17.947 | 17.959 | 17.97 | 17.982 | 17.993 | 18.004 | 18.016 | 18.027 | 18.039 | 18.05 |
| 1710 | 18.061 | 18.073 | 18.084 | 18.095 | 18.107 | 18.118 | 18.129 | 18.14 | 18.152 | 18.163 |
| 1720 | 18.174 | 18.185 | 18.196 | 18.208 | 18.219 | 18.23 | 18.241 | 18.252 | 18.263 | 18.274 |
| 1730 | 18.285 | 18.297 | 18.308 | 18.319 | 18.33 | 18.341 | 18.352 | 18.362 | 18.373 | 18.384 |
| 1740 | 18.395 | 18.406 | 18.417 | 18.428 | 18.439 | 18.449 | 18.46 | 18.471 | 18.482 | 18.493 |
| 1750 | 18.503 | 18.514 | 18.525 | 18.535 | 18.546 | 18.557 | 18.567 | 18.578 | 18.588 | 18.599 |
| 1760 | 18.609 | 18.62 | 18.63 | 18.641 | 18.651 | 18.661 | 18.672 | 18.682 | 18.693 | — |

## 铂铑 13-铂热电偶（R 型）分度表（ITS-90）

| 温度/℃ | 0 | −1 | −2 | −3 | −4 | −5 | −6 | −7 | −8 | −9 |
|---|---|---|---|---|---|---|---|---|---|---|
| | 热电动势/mV（参考端为 0 ℃） | | | | | | | | | |
| −50 | −0.226 | — | — | — | — | — | — | — | — | — |
| −40 | −0.188 | −0.192 | −0.196 | −0.2 | −0.204 | −0.208 | −0.211 | −0.215 | −0.219 | −0.223 |
| −30 | −0.145 | −0.15 | −0.154 | −0.158 | −0.163 | −0.167 | −0.171 | −0.175 | −0.18 | −0.184 |
| −20 | −0.1 | −0.105 | −0.109 | −0.114 | −0.119 | −0.123 | −0.128 | −0.132 | −0.137 | −0.141 |
| −10 | −0.051 | −0.056 | −0.061 | −0.066 | −0.071 | −0.076 | −0.081 | −0.086 | −0.091 | −0.095 |
| 0 | 0 | −0.005 | −0.011 | −0.016 | −0.021 | −0.026 | −0.031 | −0.036 | −0.041 | −0.046 |
| 温度/℃ | 0 | 1 | 2 | 3 | 4 | 5 | 6 | 7 | 8 | 9 |
| | 热电动势/mV（参考端为 0 ℃） | | | | | | | | | |
| 0 | 0 | 0.005 | 0.011 | 0.016 | 0.021 | 0.027 | 0.032 | 0.038 | 0.043 | 0.049 |
| 10 | 0.054 | 0.06 | 0.065 | 0.071 | 0.077 | 0.082 | 0.088 | 0.094 | 0.1 | 0.105 |
| 20 | 0.111 | 0.117 | 0.123 | 0.129 | 0.135 | 0.141 | 0.147 | 0.153 | 0.159 | 0.165 |
| 30 | 0.171 | 0.177 | 0.183 | 0.189 | 0.195 | 0.201 | 0.207 | 0.214 | 0.22 | 0.226 |
| 40 | 0.232 | 0.239 | 0.245 | 0.251 | 0.258 | 0.264 | 0.271 | 0.277 | 0.284 | 0.29 |
| 50 | 0.296 | 0.303 | 0.31 | 0.316 | 0.323 | 0.329 | 0.336 | 0.343 | 0.349 | 0.356 |
| 60 | 0.363 | 0.369 | 0.376 | 0.383 | 0.39 | 0.397 | 0.403 | 0.41 | 0.417 | 0.424 |
| 70 | 0.431 | 0.438 | 0.445 | 0.452 | 0.459 | 0.466 | 0.473 | 0.48 | 0.487 | 0.494 |
| 80 | 0.501 | 0.508 | 0.516 | 0.523 | 0.53 | 0.537 | 0.544 | 0.552 | 0.559 | 0.566 |
| 90 | 0.573 | 0.581 | 0.588 | 0.595 | 0.603 | 0.61 | 0.618 | 0.625 | 0.632 | 0.64 |
| 100 | 0.647 | 0.655 | 0.662 | 0.67 | 0.677 | 0.685 | 0.693 | 0.7 | 0.708 | 0.715 |
| 110 | 0.723 | 0.731 | 0.738 | 0.746 | 0.754 | 0.761 | 0.769 | 0.777 | 0.785 | 0.792 |
| 120 | 0.8 | 0.808 | 0.816 | 0.824 | 0.832 | 0.839 | 0.847 | 0.855 | 0.863 | 0.871 |
| 130 | 0.879 | 0.887 | 0.895 | 0.903 | 0.911 | 0.919 | 0.927 | 0.935 | 0.943 | 0.951 |
| 140 | 0.959 | 0.967 | 0.976 | 0.984 | 0.992 | 1 | 1.008 | 1.016 | 1.025 | 1.033 |
| 150 | 1.041 | 1.049 | 1.058 | 1.066 | 1.074 | 1.082 | 1.091 | 1.099 | 1.107 | 1.116 |
| 160 | 1.124 | 1.132 | 1.141 | 1.149 | 1.158 | 1.166 | 1.175 | 1.183 | 1.191 | 1.2 |
| 170 | 1.208 | 1.217 | 1.225 | 1.234 | 1.242 | 1.251 | 1.26 | 1.268 | 1.277 | 1.285 |
| 180 | 1.294 | 1.303 | 1.311 | 1.32 | 1.329 | 1.337 | 1.346 | 1.355 | 1.363 | 1.372 |
| 190 | 1.381 | 1.389 | 1.398 | 1.407 | 1.416 | 1.425 | 1.433 | 1.442 | 1.451 | 1.46 |
| 200 | 1.469 | 1.477 | 1.486 | 1.495 | 1.504 | 1.513 | 1.522 | 1.531 | 1.54 | 1.549 |

**（续表）**

| 温度/℃ | 0 | -1 | -2 | -3 | -4 | -5 | -6 | -7 | -8 | -9 |
|---|---|---|---|---|---|---|---|---|---|---|
| | 热电动势/mV（参考端为 0 ℃） | | | | | | | | | |
| 210 | 1.558 | 1.567 | 1.575 | 1.584 | 1.593 | 1.602 | 1.611 | 1.62 | 1.629 | 1.639 |
| 220 | 1.648 | 1.657 | 1.666 | 1.675 | 1.684 | 1.693 | 1.702 | 1.711 | 1.72 | 1.729 |
| 230 | 1.739 | 1.748 | 1.757 | 1.766 | 1.775 | 1.784 | 1.794 | 1.803 | 1.812 | 1.821 |
| 240 | 1.831 | 1.84 | 1.849 | 1.858 | 1.868 | 1.877 | 1.886 | 1.895 | 1.905 | 1.914 |
| 250 | 1.923 | 1.933 | 1.942 | 1.951 | 1.961 | 1.97 | 1.98 | 1.989 | 1.998 | 2.008 |
| 260 | 2.017 | 2.027 | 2.036 | 2.046 | 2.055 | 2.064 | 2.074 | 2.083 | 2.093 | 2.102 |
| 270 | 2.112 | 2.121 | 2.131 | 2.14 | 2.15 | 2.159 | 2.169 | 2.179 | 2.188 | 2.198 |
| 280 | 2.207 | 2.217 | 2.226 | 2.236 | 2.246 | 2.255 | 2.265 | 2.275 | 2.284 | 2.294 |
| 290 | 2.304 | 2.313 | 2.323 | 2.333 | 2.342 | 2.352 | 2.362 | 2.371 | 2.381 | 2.391 |
| 300 | 2.401 | 2.41 | 2.42 | 2.43 | 2.44 | 2.449 | 2.459 | 2.469 | 2.479 | 2.488 |
| 310 | 2.498 | 2.508 | 2.518 | 2.528 | 2.538 | 2.547 | 2.557 | 2.567 | 2.577 | 2.587 |
| 320 | 2.597 | 2.607 | 2.617 | 2.626 | 2.636 | 2.646 | 2.656 | 2.666 | 2.676 | 2.686 |
| 330 | 2.696 | 2.706 | 2.716 | 2.726 | 2.736 | 2.746 | 2.756 | 2.766 | 2.776 | 2.786 |
| 340 | 2.796 | 2.806 | 2.816 | 2.826 | 2.836 | 2.846 | 2.856 | 2.866 | 2.876 | 2.886 |
| 350 | 2.896 | 2.906 | 2.916 | 2.926 | 2.937 | 2.947 | 2.957 | 2.967 | 2.977 | 2.987 |
| 360 | 2.997 | 3.007 | 3.018 | 3.028 | 3.038 | 3.048 | 3.058 | 3.068 | 3.079 | 3.089 |
| 370 | 3.099 | 3.109 | 3.119 | 3.13 | 3.14 | 3.15 | 3.16 | 3.171 | 3.181 | 3.191 |
| 380 | 3.201 | 3.212 | 3.222 | 3.232 | 3.242 | 3.253 | 3.263 | 3.273 | 3.284 | 3.294 |
| 390 | 3.304 | 3.315 | 3.325 | 3.335 | 3.346 | 3.356 | 3.366 | 3.377 | 3.387 | 3.397 |
| 400 | 3.408 | 3.418 | 3.428 | 3.439 | 3.449 | 3.46 | 3.47 | 3.48 | 3.491 | 3.501 |
| 410 | 3.512 | 3.522 | 3.533 | 3.543 | 3.553 | 3.564 | 3.574 | 3.585 | 3.595 | 3.606 |
| 420 | 3.616 | 3.627 | 3.637 | 3.648 | 3.658 | 3.669 | 3.679 | 3.69 | 3.7 | 3.711 |
| 430 | 3.721 | 3.732 | 3.742 | 3.753 | 3.764 | 3.774 | 3.785 | 3.795 | 3.806 | 3.816 |
| 440 | 3.827 | 3.838 | 3.848 | 3.859 | 3.869 | 3.88 | 3.891 | 3.901 | 3.912 | 3.922 |
| 450 | 3.933 | 3.944 | 3.954 | 3.965 | 3.976 | 3.986 | 3.997 | 4.008 | 4.018 | 4.029 |
| 460 | 4.04 | 4.05 | 4.061 | 4.072 | 4.083 | 4.093 | 4.104 | 4.115 | 4.125 | 4.136 |
| 470 | 4.147 | 4.158 | 4.168 | 4.179 | 4.19 | 4.201 | 4.211 | 4.222 | 4.233 | 4.244 |
| 480 | 4.255 | 4.265 | 4.276 | 4.287 | 4.298 | 4.309 | 4.319 | 4.33 | 4.341 | 4.352 |
| 490 | 4.363 | 4.373 | 4.384 | 4.395 | 4.406 | 4.417 | 4.428 | 4.439 | 4.449 | 4.46 |

（续表）

| 温度/℃ | 0 | -1 | -2 | -3 | -4 | -5 | -6 | -7 | -8 | -9 |
|---|---|---|---|---|---|---|---|---|---|---|
| | 热电动势/mV（参考端为 0 ℃） | | | | | | | | | |
| 500 | 4.471 | 4.482 | 4.493 | 4.504 | 4.515 | 4.526 | 4.537 | 4.548 | 4.558 | 4.569 |
| 510 | 4.58 | 4.591 | 4.602 | 4.613 | 4.624 | 4.635 | 4.646 | 4.657 | 4.668 | 4.679 |
| 520 | 4.69 | 4.701 | 4.712 | 4.723 | 4.734 | 4.745 | 4.756 | 4.767 | 4.778 | 4.789 |
| 530 | 4.8 | 4.811 | 4.822 | 4.833 | 4.844 | 4.855 | 4.866 | 4.877 | 4.888 | 4.899 |
| 540 | 4.91 | 4.922 | 4.933 | 4.944 | 4.955 | 4.966 | 4.977 | 4.988 | 4.999 | 5.01 |
| 550 | 5.021 | 5.033 | 5.044 | 5.055 | 5.066 | 5.077 | 5.088 | 5.099 | 5.111 | 5.122 |
| 560 | 5.133 | 5.144 | 5.155 | 5.166 | 5.178 | 5.189 | 5.2 | 5.211 | 5.222 | 5.234 |
| 570 | 5.245 | 5.256 | 5.267 | 5.279 | 5.29 | 5.301 | 5.312 | 5.323 | 5.335 | 5.346 |
| 580 | 5.357 | 5.369 | 5.38 | 5.391 | 5.402 | 5.414 | 5.425 | 5.436 | 5.448 | 5.459 |
| 590 | 5.47 | 5.481 | 5.493 | 5.504 | 5.515 | 5.527 | 5.538 | 5.549 | 5.561 | 5.572 |
| 600 | 5.583 | 5.595 | 5.606 | 5.618 | 5.629 | 5.64 | 5.652 | 5.663 | 5.674 | 5.686 |
| 610 | 5.697 | 5.709 | 5.72 | 5.731 | 5.743 | 5.754 | 5.766 | 5.777 | 5.789 | 5.8 |
| 620 | 5.812 | 5.823 | 5.834 | 5.846 | 5.857 | 5.869 | 5.88 | 5.892 | 5.903 | 5.915 |
| 630 | 5.926 | 5.938 | 5.949 | 5.961 | 5.972 | 5.984 | 5.995 | 6.007 | 6.018 | 6.03 |
| 640 | 6.041 | 6.053 | 6.065 | 6.076 | 6.088 | 6.099 | 6.111 | 6.122 | 6.134 | 6.146 |
| 650 | 6.157 | 6.169 | 6.18 | 6.192 | 6.204 | 6.215 | 6.227 | 6.238 | 6.25 | 6.262 |
| 660 | 6.273 | 6.285 | 6.297 | 6.308 | 6.32 | 6.332 | 6.343 | 6.355 | 6.367 | 6.378 |
| 670 | 6.39 | 6.402 | 6.413 | 6.425 | 6.437 | 6.448 | 6.46 | 6.472 | 6.484 | 6.495 |
| 680 | 6.507 | 6.519 | 6.531 | 6.542 | 6.554 | 6.566 | 6.578 | 6.589 | 6.601 | 6.613 |
| 690 | 6.625 | 6.636 | 6.648 | 6.66 | 6.672 | 6.684 | 6.695 | 6.707 | 6.719 | 6.731 |
| 700 | 6.743 | 6.755 | 6.766 | 6.778 | 6.79 | 6.802 | 6.814 | 6.826 | 6.838 | 6.849 |
| 710 | 6.861 | 6.873 | 6.885 | 6.897 | 6.909 | 6.921 | 6.933 | 6.945 | 6.956 | 6.968 |
| 720 | 6.98 | 6.992 | 7.004 | 7.016 | 7.028 | 7.04 | 7.052 | 7.064 | 7.076 | 7.088 |
| 730 | 7.1 | 7.112 | 7.124 | 7.136 | 7.148 | 7.16 | 7.172 | 7.184 | 7.196 | 7.208 |
| 740 | 7.22 | 7.232 | 7.244 | 7.256 | 7.268 | 7.28 | 7.292 | 7.304 | 7.316 | 7.328 |
| 750 | 7.34 | 7.352 | 7.364 | 7.376 | 7.389 | 7.401 | 7.413 | 7.425 | 7.437 | 7.449 |
| 760 | 7.461 | 7.473 | 7.485 | 7.498 | 7.51 | 7.522 | 7.534 | 7.546 | 7.558 | 7.57 |
| 770 | 7.583 | 7.595 | 7.607 | 7.619 | 7.631 | 7.644 | 7.656 | 7.668 | 7.68 | 7.692 |
| 780 | 7.705 | 7.717 | 7.729 | 7.741 | 7.753 | 7.766 | 7.778 | 7.79 | 7.802 | 7.815 |

（续表）

| 温度/℃ | 0 | -1 | -2 | -3 | -4 | -5 | -6 | -7 | -8 | -9 |
|---|---|---|---|---|---|---|---|---|---|---|
| | 热电动势/mV（参考端为 0 ℃） | | | | | | | | | |
| 790 | 7.827 | 7.839 | 7.851 | 7.864 | 7.876 | 7.888 | 7.901 | 7.913 | 7.925 | 7.938 |
| 800 | 7.95 | 7.962 | 7.974 | 7.987 | 7.999 | 8.011 | 8.024 | 8.036 | 8.048 | 8.061 |
| 810 | 8.073 | 8.086 | 8.098 | 8.11 | 8.123 | 8.135 | 8.147 | 8.16 | 8.172 | 8.185 |
| 820 | 8.197 | 8.209 | 8.222 | 8.234 | 8.247 | 8.259 | 8.272 | 8.284 | 8.296 | 8.309 |
| 830 | 8.321 | 8.334 | 8.346 | 8.359 | 8.371 | 8.384 | 8.396 | 8.409 | 8.421 | 8.434 |
| 840 | 8.446 | 8.459 | 8.471 | 8.484 | 8.496 | 8.509 | 8.521 | 8.534 | 8.546 | 8.559 |
| 850 | 8.571 | 8.584 | 8.597 | 8.609 | 8.622 | 8.634 | 8.647 | 8.659 | 8.672 | 8.685 |
| 860 | 8.697 | 8.71 | 8.722 | 8.735 | 8.748 | 8.76 | 8.773 | 8.785 | 8.798 | 8.811 |
| 870 | 8.823 | 8.836 | 8.849 | 8.861 | 8.874 | 8.887 | 8.899 | 8.912 | 8.925 | 8.937 |
| 880 | 8.95 | 8.963 | 8.975 | 8.988 | 9.001 | 9.014 | 9.026 | 9.039 | 9.052 | 9.065 |
| 890 | 9.077 | 9.09 | 9.103 | 9.115 | 9.128 | 9.141 | 9.154 | 9.167 | 9.179 | 9.192 |
| 900 | 9.205 | 9.218 | 9.23 | 9.243 | 9.256 | 9.269 | 9.282 | 9.294 | 9.307 | 9.32 |
| 910 | 9.333 | 9.346 | 9.359 | 9.371 | 9.384 | 9.397 | 9.41 | 9.423 | 9.436 | 9.449 |
| 920 | 9.461 | 9.474 | 9.487 | 9.5 | 9.513 | 9.526 | 9.539 | 9.552 | 9.565 | 9.578 |
| 930 | 9.59 | 9.603 | 9.616 | 9.629 | 9.642 | 9.655 | 9.668 | 9.681 | 9.694 | 9.707 |
| 940 | 9.72 | 9.733 | 9.746 | 9.759 | 9.772 | 9.785 | 9.798 | 9.811 | 9.824 | 9.837 |
| 950 | 9.85 | 9.863 | 9.876 | 9.889 | 9.902 | 9.915 | 9.928 | 9.941 | 9.954 | 9.967 |
| 960 | 9.98 | 9.993 | 10.006 | 10.019 | 10.032 | 10.046 | 10.059 | 10.072 | 10.085 | 10.098 |
| 970 | 10.111 | 10.124 | 10.137 | 10.15 | 10.163 | 10.177 | 10.19 | 10.203 | 10.216 | 10.229 |
| 980 | 10.242 | 10.255 | 10.268 | 10.282 | 10.295 | 10.308 | 10.321 | 10.334 | 10.347 | 10.361 |
| 990 | 10.374 | 10.387 | 10.4 | 10.413 | 10.427 | 10.44 | 10.453 | 10.466 | 10.48 | 10.493 |
| 1000 | 10.506 | 10.519 | 10.532 | 10.546 | 10.559 | 10.572 | 10.585 | 10.599 | 10.612 | 10.625 |
| 1010 | 10.638 | 10.652 | 10.665 | 10.678 | 10.692 | 10.705 | 10.718 | 10.731 | 10.745 | 10.758 |
| 1020 | 10.771 | 10.785 | 10.798 | 10.811 | 10.825 | 10.838 | 10.851 | 10.865 | 10.878 | 10.891 |
| 1030 | 10.905 | 10.918 | 10.932 | 10.945 | 10.958 | 10.972 | 10.985 | 10.998 | 11.012 | 11.025 |
| 1040 | 11.039 | 11.052 | 11.065 | 11.079 | 11.092 | 11.106 | 11.119 | 11.132 | 11.146 | 11.159 |
| 1050 | 11.173 | 11.186 | 11.2 | 11.213 | 11.227 | 11.24 | 11.253 | 11.267 | 11.28 | 11.294 |
| 1060 | 11.307 | 11.321 | 11.334 | 11.348 | 11.361 | 11.375 | 11.388 | 11.402 | 11.415 | 11.429 |
| 1070 | 11.442 | 11.456 | 11.469 | 11.483 | 11.496 | 11.51 | 11.524 | 11.537 | 11.551 | 11.564 |

（续表）

| 温度/℃ | 0 | -1 | -2 | -3 | -4 | -5 | -6 | -7 | -8 | -9 |
|---|---|---|---|---|---|---|---|---|---|---|
| | 热电动势/mV（参考端为 0 ℃） | | | | | | | | | |
| 1080 | 11.578 | 11.591 | 11.605 | 11.618 | 11.632 | 11.646 | 11.659 | 11.673 | 11.686 | 11.7 |
| 1090 | 11.714 | 11.727 | 11.741 | 11.754 | 11.768 | 11.782 | 11.795 | 11.809 | 11.822 | 11.836 |
| 1100 | 11.85 | 11.863 | 11.877 | 11.891 | 11.904 | 11.918 | 11.931 | 11.945 | 11.959 | 11.972 |
| 1110 | 11.986 | 12 | 12.013 | 12.027 | 12.041 | 12.054 | 12.068 | 12.082 | 12.096 | 12.109 |
| 1120 | 12.123 | 12.137 | 12.15 | 12.164 | 12.178 | 12.191 | 12.205 | 12.219 | 12.233 | 12.246 |
| 1130 | 12.26 | 12.274 | 12.288 | 12.301 | 12.315 | 12.329 | 12.342 | 12.356 | 12.37 | 12.384 |
| 1140 | 12.397 | 12.411 | 12.425 | 12.439 | 12.453 | 12.466 | 12.48 | 12.494 | 12.508 | 12.521 |
| 1150 | 12.535 | 12.549 | 12.563 | 12.577 | 12.59 | 12.604 | 12.618 | 12.632 | 12.646 | 12.659 |
| 1160 | 12.673 | 12.687 | 12.701 | 12.715 | 12.729 | 12.742 | 12.756 | 12.77 | 12.784 | 12.798 |
| 1170 | 12.812 | 12.825 | 12.839 | 12.853 | 12.867 | 12.881 | 12.895 | 12.909 | 12.922 | 12.936 |
| 1180 | 12.95 | 12.964 | 12.978 | 12.992 | 13.006 | 13.019 | 13.033 | 13.047 | 13.061 | 13.075 |
| 1190 | 13.089 | 13.103 | 13.117 | 13.131 | 13.145 | 13.158 | 13.172 | 13.186 | 13.2 | 13.214 |
| 1200 | 13.228 | 13.242 | 13.256 | 13.27 | 13.284 | 13.298 | 13.311 | 13.325 | 13.339 | 13.353 |
| 1210 | 13.367 | 13.381 | 13.395 | 13.409 | 13.423 | 13.437 | 13.451 | 13.465 | 13.479 | 13.493 |
| 1220 | 13.507 | 13.521 | 13.535 | 13.549 | 13.563 | 13.577 | 13.59 | 13.604 | 13.618 | 13.632 |
| 1230 | 13.646 | 13.66 | 13.674 | 13.688 | 13.702 | 13.716 | 13.73 | 13.744 | 13.758 | 13.772 |
| 1240 | 13.786 | 13.8 | 13.814 | 13.828 | 13.842 | 13.856 | 13.87 | 13.884 | 13.898 | 13.912 |
| 1250 | 13.926 | 13.94 | 13.954 | 13.968 | 13.982 | 13.996 | 14.01 | 14.024 | 14.038 | 14.052 |
| 1260 | 14.066 | 14.081 | 14.095 | 14.109 | 14.123 | 14.137 | 14.151 | 14.165 | 14.179 | 14.193 |
| 1270 | 14.207 | 14.221 | 14.235 | 14.249 | 14.263 | 14.277 | 14.291 | 14.305 | 14.319 | 14.333 |
| 1280 | 14.347 | 14.361 | 14.375 | 14.39 | 14.404 | 14.418 | 14.432 | 14.446 | 14.46 | 14.474 |
| 1290 | 14.488 | 14.502 | 14.516 | 14.53 | 14.544 | 14.558 | 14.572 | 14.586 | 14.601 | 14.615 |
| 1300 | 14.629 | 14.643 | 14.657 | 14.671 | 14.685 | 14.699 | 14.713 | 14.727 | 14.741 | 14.755 |
| 1310 | 14.77 | 14.784 | 14.798 | 14.812 | 14.826 | 14.84 | 14.854 | 14.868 | 14.882 | 14.896 |
| 1320 | 14.911 | 14.925 | 14.939 | 14.953 | 14.967 | 14.981 | 14.995 | 15.009 | 15.023 | 15.037 |
| 1330 | 15.052 | 15.066 | 15.08 | 15.094 | 15.108 | 15.122 | 15.136 | 15.15 | 15.164 | 15.179 |
| 1340 | 15.193 | 15.207 | 15.221 | 15.235 | 15.249 | 15.263 | 15.277 | 15.291 | 15.306 | 15.32 |
| 1350 | 15.334 | 15.348 | 15.362 | 15.376 | 15.39 | 15.404 | 15.419 | 15.433 | 15.447 | 15.461 |
| 1360 | 15.475 | 15.489 | 15.503 | 15.517 | 15.531 | 15.546 | 15.56 | 15.574 | 15.588 | 15.602 |

（续表）

| 温度/℃ | 0 | -1 | -2 | -3 | -4 | -5 | -6 | -7 | -8 | -9 |
|---|---|---|---|---|---|---|---|---|---|---|
| | 热电动势/mV（参考端为 0 ℃） | | | | | | | | | |
| 1370 | 15.616 | 15.63 | 15.645 | 15.659 | 15.673 | 15.687 | 15.701 | 15.715 | 15.729 | 15.743 |
| 1380 | 15.758 | 15.772 | 15.786 | 15.8 | 15.814 | 15.828 | 15.842 | 15.856 | 15.871 | 15.885 |
| 1390 | 15.899 | 15.913 | 15.927 | 15.941 | 15.955 | 15.969 | 15.984 | 15.998 | 16.012 | 16.026 |
| 1400 | 16.04 | 16.054 | 16.068 | 16.082 | 16.097 | 16.111 | 16.125 | 16.139 | 16.153 | 16.167 |
| 1410 | 16.181 | 16.196 | 16.21 | 16.224 | 16.238 | 16.252 | 16.266 | 16.28 | 16.294 | 16.309 |
| 1420 | 16.323 | 16.337 | 16.351 | 16.365 | 16.379 | 16.393 | 16.407 | 16.422 | 16.436 | 16.45 |
| 1430 | 16.464 | 16.478 | 16.492 | 16.506 | 16.52 | 16.534 | 16.549 | 16.563 | 16.577 | 16.591 |
| 1440 | 16.605 | 16.619 | 16.633 | 16.647 | 16.662 | 16.676 | 16.69 | 16.704 | 16.718 | 16.732 |
| 1450 | 16.746 | 16.76 | 16.774 | 16.789 | 16.803 | 16.817 | 16.831 | 16.845 | 16.859 | 16.873 |
| 1460 | 16.887 | 16.901 | 16.915 | 16.93 | 16.944 | 16.958 | 16.972 | 16.986 | 17 | 17.014 |
| 1470 | 17.028 | 17.042 | 17.056 | 17.071 | 17.085 | 17.099 | 17.113 | 17.127 | 17.141 | 17.155 |
| 1480 | 17.169 | 17.183 | 17.197 | 17.211 | 17.225 | 17.24 | 17.254 | 17.268 | 17.282 | 17.296 |
| 1490 | 17.31 | 17.324 | 17.338 | 17.352 | 17.366 | 17.38 | 17.394 | 17.408 | 17.423 | 17.437 |
| 1500 | 17.451 | 17.465 | 17.479 | 17.493 | 17.507 | 17.521 | 17.535 | 17.549 | 17.563 | 17.577 |
| 1510 | 17.591 | 17.605 | 17.619 | 17.633 | 17.647 | 17.661 | 17.676 | 17.69 | 17.704 | 17.718 |
| 1520 | 17.732 | 17.746 | 17.76 | 17.774 | 17.788 | 17.802 | 17.816 | 17.83 | 17.844 | 17.858 |
| 1530 | 17.872 | 17.886 | 17.9 | 17.914 | 17.928 | 17.942 | 17.956 | 17.97 | 17.984 | 17.998 |
| 1540 | 18.012 | 18.026 | 18.04 | 18.054 | 18.068 | 18.082 | 18.096 | 18.11 | 18.124 | 18.138 |
| 1550 | 18.152 | 18.166 | 18.18 | 18.194 | 18.208 | 18.222 | 18.236 | 18.25 | 18.264 | 18.278 |
| 1560 | 18.292 | 18.306 | 18.32 | 18.334 | 18.348 | 18.362 | 18.376 | 18.39 | 18.404 | 18.417 |
| 1570 | 18.431 | 18.445 | 18.459 | 18.473 | 18.487 | 18.501 | 18.515 | 18.529 | 18.543 | 18.557 |
| 1580 | 18.571 | 18.585 | 18.599 | 18.613 | 18.627 | 18.64 | 18.654 | 18.668 | 18.682 | 18.696 |
| 1590 | 18.71 | 18.724 | 18.738 | 18.752 | 18.766 | 18.779 | 18.793 | 18.807 | 18.821 | 18.835 |
| 1600 | 18.849 | 18.863 | 18.877 | 18.891 | 18.904 | 18.918 | 18.932 | 18.946 | 18.96 | 18.974 |
| 1610 | 18.988 | 19.002 | 19.015 | 19.029 | 19.043 | 19.057 | 19.071 | 19.085 | 19.098 | 19.112 |
| 1620 | 19.126 | 19.14 | 19.154 | 19.168 | 19.181 | 19.195 | 19.209 | 19.223 | 19.237 | 19.25 |
| 1630 | 19.264 | 19.278 | 19.292 | 19.306 | 19.319 | 19.333 | 19.347 | 19.361 | 19.375 | 19.388 |
| 1640 | 19.402 | 19.416 | 19.43 | 19.444 | 19.457 | 19.471 | 19.485 | 19.499 | 19.512 | 19.526 |
| 1650 | 19.54 | 19.554 | 19.567 | 19.581 | 19.595 | 19.609 | 19.622 | 19.636 | 19.65 | 19.663 |

（续表）

| 温度/℃ | 0 | −1 | −2 | −3 | −4 | −5 | −6 | −7 | −8 | −9 |
|---|---|---|---|---|---|---|---|---|---|---|
| | 热电动势/mV（参考端为 0 ℃） | | | | | | | | | |
| 1660 | 19.677 | 19.691 | 19.705 | 19.718 | 19.732 | 19.746 | 19.759 | 19.773 | 19.787 | 19.8 |
| 1670 | 19.814 | 19.828 | 19.841 | 19.855 | 19.869 | 19.882 | 19.896 | 19.91 | 19.923 | 19.937 |
| 1680 | 19.951 | 19.964 | 19.978 | 19.992 | 20.005 | 20.019 | 20.032 | 20.046 | 20.06 | 20.073 |
| 1690 | 20.087 | 20.1 | 20.114 | 20.127 | 20.141 | 20.154 | 20.168 | 20.181 | 20.195 | 20.208 |
| 1700 | 20.222 | 20.235 | 20.249 | 20.262 | 20.275 | 20.289 | 20.302 | 20.316 | 20.329 | 20.342 |
| 1710 | 20.356 | 20.369 | 20.382 | 20.396 | 20.409 | 20.422 | 20.436 | 20.449 | 20.462 | 20.475 |
| 1720 | 20.488 | 20.502 | 20.515 | 20.528 | 20.541 | 20.554 | 20.567 | 20.581 | 20.594 | 20.607 |
| 1730 | 20.62 | 20.633 | 20.646 | 20.659 | 20.672 | 20.685 | 20.698 | 20.711 | 20.724 | 20.736 |
| 1740 | 20.749 | 20.762 | 20.775 | 20.788 | 20.801 | 20.813 | 20.826 | 20.839 | 20.852 | 20.864 |
| 1750 | 20.877 | 20.89 | 20.902 | 20.915 | 20.928 | 20.94 | 20.953 | 20.965 | 20.978 | 20.99 |
| 1760 | 21.003 | 21.015 | 21.027 | 21.04 | 21.052 | 21.065 | 21.077 | 21.089 | 21.101 | — |

## 铂铑 30-铂热 6 电偶（B 型）分度表（ITS-90）

| 温度 /℃ | 0 | 1 | 2 | 3 | 4 | 5 | 6 | 7 | 8 | 9 |
|---|---|---|---|---|---|---|---|---|---|---|
| | 热电动势/mV（参考端为 0 ℃） | | | | | | | | | |
| 0 | 0 | 0 | 0 | −0.001 | −0.001 | −0.001 | −0.001 | −0.001 | −0.002 | −0.002 |
| 10 | −0.002 | −0.002 | −0.002 | −0.002 | −0.002 | −0.002 | −0.002 | −0.002 | −0.003 | −0.003 |
| 20 | −0.003 | −0.003 | −0.003 | −0.003 | −0.003 | −0.002 | −0.002 | −0.002 | −0.002 | −0.002 |
| 30 | −0.002 | −0.002 | −0.002 | −0.002 | −0.002 | −0.001 | −0.001 | −0.001 | −0.001 | −0.001 |
| 40 | 0 | 0 | 0 | 0 | 0 | 0.001 | 0.001 | 0.001 | 0.002 | 0.002 |
| 50 | 0.002 | 0.003 | 0.003 | 0.003 | 0.004 | 0.004 | 0.004 | 0.005 | 0.005 | 0.006 |
| 60 | 0.006 | 0.007 | 0.007 | 0.008 | 0.008 | 0.009 | 0.009 | 0.01 | 0.01 | 0.011 |
| 70 | 0.011 | 0.012 | 0.012 | 0.013 | 0.014 | 0.014 | 0.015 | 0.015 | 0.016 | 0.017 |
| 80 | 0.017 | 0.018 | 0.019 | 0.02 | 0.02 | 0.021 | 0.022 | 0.022 | 0.023 | 0.024 |
| 90 | 0.025 | 0.026 | 0.026 | 0.027 | 0.028 | 0.029 | 0.03 | 0.031 | 0.031 | 0.032 |
| 100 | 0.033 | 0.034 | 0.035 | 0.036 | 0.037 | 0.038 | 0.039 | 0.04 | 0.041 | 0.042 |
| 110 | 0.043 | 0.044 | 0.045 | 0.046 | 0.047 | 0.048 | 0.049 | 0.05 | 0.051 | 0.052 |
| 120 | 0.053 | 0.055 | 0.056 | 0.057 | 0.058 | 0.059 | 0.06 | 0.062 | 0.063 | 0.064 |
| 130 | 0.065 | 0.066 | 0.068 | 0.069 | 0.07 | 0.072 | 0.073 | 0.074 | 0.075 | 0.077 |
| 140 | 0.078 | 0.079 | 0.081 | 0.082 | 0.084 | 0.085 | 0.086 | 0.088 | 0.089 | 0.091 |
| 150 | 0.092 | 0.094 | 0.095 | 0.096 | 0.098 | 0.099 | 0.101 | 0.102 | 0.104 | 0.106 |
| 160 | 0.107 | 0.109 | 0.11 | 0.112 | 0.113 | 0.115 | 0.117 | 0.118 | 0.12 | 0.122 |
| 170 | 0.123 | 0.125 | 0.127 | 0.128 | 0.13 | 0.132 | 0.134 | 0.135 | 0.137 | 0.139 |
| 180 | 0.141 | 0.142 | 0.144 | 0.146 | 0.148 | 0.15 | 0.151 | 0.153 | 0.155 | 0.157 |
| 190 | 0.159 | 0.161 | 0.163 | 0.165 | 0.166 | 0.168 | 0.17 | 0.172 | 0.174 | 0.176 |
| 200 | 0.178 | 0.18 | 0.182 | 0.184 | 0.186 | 0.188 | 0.19 | 0.192 | 0.195 | 0.197 |
| 210 | 0.199 | 0.201 | 0.203 | 0.205 | 0.207 | 0.209 | 0.212 | 0.214 | 0.216 | 0.218 |
| 220 | 0.22 | 0.222 | 0.225 | 0.227 | 0.229 | 0.231 | 0.234 | 0.236 | 0.238 | 0.241 |
| 230 | 0.243 | 0.245 | 0.248 | 0.25 | 0.252 | 0.255 | 0.257 | 0.259 | 0.262 | 0.264 |
| 240 | 0.267 | 0.269 | 0.271 | 0.274 | 0.276 | 0.279 | 0.281 | 0.284 | 0.286 | 0.289 |
| 250 | 0.291 | 0.294 | 0.296 | 0.299 | 0.301 | 0.304 | 0.307 | 0.309 | 0.312 | 0.314 |
| 260 | 0.317 | 0.32 | 0.322 | 0.325 | 0.328 | 0.33 | 0.333 | 0.336 | 0.338 | 0.341 |
| 270 | 0.344 | 0.347 | 0.349 | 0.352 | 0.355 | 0.358 | 0.36 | 0.363 | 0.366 | 0.369 |
| 280 | 0.372 | 0.375 | 0.377 | 0.38 | 0.383 | 0.386 | 0.389 | 0.392 | 0.395 | 0.398 |
| 290 | 0.401 | 0.404 | 0.407 | 0.41 | 0.413 | 0.416 | 0.419 | 0.422 | 0.425 | 0.428 |

（续表）

| 温度 | 0 | 1 | 2 | 3 | 4 | 5 | 6 | 7 | 8 | 9 |
|---|---|---|---|---|---|---|---|---|---|---|
| /℃ | 热电动势/mV（参考端为 0 ℃） | | | | | | | | | |
| 300 | 0.431 | 0.434 | 0.437 | 0.44 | 0.443 | 0.446 | 0.449 | 0.452 | 0.455 | 0.458 |
| 310 | 0.462 | 0.465 | 0.468 | 0.471 | 0.474 | 0.478 | 0.481 | 0.484 | 0.487 | 0.49 |
| 320 | 0.494 | 0.497 | 0.5 | 0.503 | 0.507 | 0.51 | 0.513 | 0.517 | 0.52 | 0.523 |
| 330 | 0.527 | 0.53 | 0.533 | 0.537 | 0.54 | 0.544 | 0.547 | 0.55 | 0.554 | 0.557 |
| 340 | 0.561 | 0.564 | 0.568 | 0.571 | 0.575 | 0.578 | 0.582 | 0.585 | 0.589 | 0.592 |
| 350 | 0.596 | 0.599 | 0.603 | 0.607 | 0.61 | 0.614 | 0.617 | 0.621 | 0.625 | 0.628 |
| 360 | 0.632 | 0.636 | 0.639 | 0.643 | 0.647 | 0.65 | 0.654 | 0.658 | 0.662 | 0.665 |
| 370 | 0.669 | 0.673 | 0.677 | 0.68 | 0.684 | 0.688 | 0.692 | 0.696 | 0.7 | 0.703 |
| 380 | 0.707 | 0.711 | 0.715 | 0.719 | 0.723 | 0.727 | 0.731 | 0.735 | 0.738 | 0.742 |
| 390 | 0.746 | 0.75 | 0.754 | 0.758 | 0.762 | 0.766 | 0.77 | 0.774 | 0.778 | 0.782 |
| 400 | 0.787 | 0.791 | 0.795 | 0.799 | 0.803 | 0.807 | 0.811 | 0.815 | 0.819 | 0.824 |
| 410 | 0.828 | 0.832 | 0.836 | 0.84 | 0.844 | 0.849 | 0.853 | 0.857 | 0.861 | 0.866 |
| 420 | 0.87 | 0.874 | 0.878 | 0.883 | 0.887 | 0.891 | 0.896 | 0.9 | 0.904 | 0.909 |
| 430 | 0.913 | 0.917 | 0.922 | 0.926 | 0.93 | 0.935 | 0.939 | 0.944 | 0.948 | 0.953 |
| 440 | 0.957 | 0.961 | 0.966 | 0.97 | 0.975 | 0.979 | 0.984 | 0.988 | 0.993 | 0.997 |
| 450 | 1.002 | 1.007 | 1.011 | 1.016 | 1.02 | 1.025 | 1.03 | 1.034 | 1.039 | 1.043 |
| 460 | 1.048 | 1.053 | 1.057 | 1.062 | 1.067 | 1.071 | 1.076 | 1.081 | 1.086 | 1.09 |
| 470 | 1.095 | 1.1 | 1.105 | 1.109 | 1.114 | 1.119 | 1.124 | 1.129 | 1.133 | 1.138 |
| 480 | 1.143 | 1.148 | 1.153 | 1.158 | 1.163 | 1.167 | 1.172 | 1.177 | 1.182 | 1.187 |
| 490 | 1.192 | 1.197 | 1.202 | 1.207 | 1.212 | 1.217 | 1.222 | 1.227 | 1.232 | 1.237 |
| 500 | 1.242 | 1.247 | 1.252 | 1.257 | 1.262 | 1.267 | 1.272 | 1.277 | 1.282 | 1.288 |
| 510 | 1.293 | 1.298 | 1.303 | 1.308 | 1.313 | 1.318 | 1.324 | 1.329 | 1.334 | 1.339 |
| 520 | 1.344 | 1.35 | 1.355 | 1.36 | 1.365 | 1.371 | 1.376 | 1.381 | 1.387 | 1.392 |
| 530 | 1.397 | 1.402 | 1.408 | 1.413 | 1.418 | 1.424 | 1.429 | 1.435 | 1.44 | 1.445 |
| 540 | 1.451 | 1.456 | 1.462 | 1.467 | 1.472 | 1.478 | 1.483 | 1.489 | 1.494 | 1.5 |
| 550 | 1.505 | 1.511 | 1.516 | 1.522 | 1.527 | 1.533 | 1.539 | 1.544 | 1.55 | 1.555 |
| 560 | 1.561 | 1.566 | 1.572 | 1.578 | 1.583 | 1.589 | 1.595 | 1.6 | 1.606 | 1.612 |
| 570 | 1.617 | 1.623 | 1.629 | 1.634 | 1.64 | 1.646 | 1.652 | 1.657 | 1.663 | 1.669 |
| 580 | 1.675 | 1.68 | 1.686 | 1.692 | 1.698 | 1.704 | 1.709 | 1.715 | 1.721 | 1.727 |
| 590 | 1.733 | 1.739 | 1.745 | 1.75 | 1.756 | 1.762 | 1.768 | 1.774 | 1.78 | 1.786 |

（续表）

| 温度/℃ | 0 | 1 | 2 | 3 | 4 | 5 | 6 | 7 | 8 | 9 |
|---|---|---|---|---|---|---|---|---|---|---|
| | 热电动势/mV（参考端为 0 ℃） | | | | | | | | | |
| 600 | 1.792 | 1.798 | 1.804 | 1.81 | 1.816 | 1.822 | 1.828 | 1.834 | 1.84 | 1.846 |
| 610 | 1.852 | 1.858 | 1.864 | 1.87 | 1.876 | 1.882 | 1.888 | 1.894 | 1.901 | 1.907 |
| 620 | 1.913 | 1.919 | 1.925 | 1.931 | 1.937 | 1.944 | 1.95 | 1.956 | 1.962 | 1.968 |
| 630 | 1.975 | 1.981 | 1.987 | 1.993 | 1.999 | 2.006 | 2.012 | 2.018 | 2.025 | 2.031 |
| 640 | 2.037 | 2.043 | 2.05 | 2.056 | 2.062 | 2.069 | 2.075 | 2.082 | 2.088 | 2.094 |
| 650 | 2.101 | 2.107 | 2.113 | 2.12 | 2.126 | 2.133 | 2.139 | 2.146 | 2.152 | 2.158 |
| 660 | 2.165 | 2.171 | 2.178 | 2.184 | 2.191 | 2.197 | 2.204 | 2.21 | 2.217 | 2.224 |
| 670 | 2.23 | 2.237 | 2.243 | 2.25 | 2.256 | 2.263 | 2.27 | 2.276 | 2.283 | 2.289 |
| 680 | 2.296 | 2.303 | 2.309 | 2.316 | 2.323 | 2.329 | 2.336 | 2.343 | 2.35 | 2.356 |
| 690 | 2.363 | 2.37 | 2.376 | 2.383 | 2.39 | 2.397 | 2.403 | 2.41 | 2.417 | 2.424 |
| 700 | 2.431 | 2.437 | 2.444 | 2.451 | 2.458 | 2.465 | 2.472 | 2.479 | 2.485 | 2.492 |
| 710 | 2.499 | 2.506 | 2.513 | 2.52 | 2.527 | 2.534 | 2.541 | 2.548 | 2.555 | 2.562 |
| 720 | 2.569 | 2.576 | 2.583 | 2.59 | 2.597 | 2.604 | 2.611 | 2.618 | 2.625 | 2.632 |
| 730 | 2.639 | 2.646 | 2.653 | 2.66 | 2.667 | 2.674 | 2.681 | 2.688 | 2.696 | 2.703 |
| 740 | 2.71 | 2.717 | 2.724 | 2.731 | 2.738 | 2.746 | 2.753 | 2.76 | 2.767 | 2.775 |
| 750 | 2.782 | 2.789 | 2.796 | 2.803 | 2.811 | 2.818 | 2.825 | 2.833 | 2.84 | 2.847 |
| 760 | 2.854 | 2.862 | 2.869 | 2.876 | 2.884 | 2.891 | 2.898 | 2.906 | 2.913 | 2.921 |
| 770 | 2.928 | 2.935 | 2.943 | 2.95 | 2.958 | 2.965 | 2.973 | 2.98 | 2.987 | 2.995 |
| 780 | 3.002 | 3.01 | 3.017 | 3.025 | 3.032 | 3.04 | 3.047 | 3.055 | 3.062 | 3.07 |
| 790 | 3.078 | 3.085 | 3.093 | 3.1 | 3.108 | 3.116 | 3.123 | 3.131 | 3.138 | 3.146 |
| 800 | 3.154 | 3.161 | 3.169 | 3.177 | 3.184 | 3.192 | 3.2 | 3.207 | 3.215 | 3.223 |
| 810 | 3.23 | 3.238 | 3.246 | 3.254 | 3.261 | 3.269 | 3.277 | 3.285 | 3.292 | 3.3 |
| 820 | 3.308 | 3.316 | 3.324 | 3.331 | 3.339 | 3.347 | 3.355 | 3.363 | 3.371 | 3.379 |
| 830 | 3.386 | 3.394 | 3.402 | 3.41 | 3.418 | 3.426 | 3.434 | 3.442 | 3.45 | 3.458 |
| 840 | 3.466 | 3.474 | 3.482 | 3.49 | 3.498 | 3.506 | 3.514 | 3.522 | 3.53 | 3.538 |
| 850 | 3.546 | 3.554 | 3.562 | 3.57 | 3.578 | 3.586 | 3.594 | 3.602 | 3.61 | 3.618 |
| 860 | 3.626 | 3.634 | 3.643 | 3.651 | 3.659 | 3.667 | 3.675 | 3.683 | 3.692 | 3.7 |
| 870 | 3.708 | 3.716 | 3.724 | 3.732 | 3.741 | 3.749 | 3.757 | 3.765 | 3.774 | 3.782 |
| 880 | 3.79 | 3.798 | 3.807 | 3.815 | 3.823 | 3.832 | 3.84 | 3.848 | 3.857 | 3.865 |
| 890 | 3.873 | 3.882 | 3.89 | 3.898 | 3.907 | 3.915 | 3.923 | 3.932 | 3.94 | 3.949 |

（续表）

| 温度/℃ | 0 | 1 | 2 | 3 | 4 | 5 | 6 | 7 | 8 | 9 |
|---|---|---|---|---|---|---|---|---|---|---|
| | 热电动势/mV（参考端为 0 ℃） | | | | | | | | | |
| 900 | 3.957 | 3.965 | 3.974 | 3.982 | 3.991 | 3.999 | 4.008 | 4.016 | 4.024 | 4.033 |
| 910 | 4.041 | 4.05 | 4.058 | 4.067 | 4.075 | 4.084 | 4.093 | 4.101 | 4.11 | 4.118 |
| 920 | 4.127 | 4.135 | 4.144 | 4.152 | 4.161 | 4.17 | 4.178 | 4.187 | 4.195 | 4.204 |
| 930 | 4.213 | 4.221 | 4.23 | 4.239 | 4.247 | 4.256 | 4.265 | 4.273 | 4.282 | 4.291 |
| 940 | 4.299 | 4.308 | 4.317 | 4.326 | 4.334 | 4.343 | 4.352 | 4.36 | 4.369 | 4.378 |
| 950 | 4.387 | 4.396 | 4.404 | 4.413 | 4.422 | 4.431 | 4.44 | 4.448 | 4.457 | 4.466 |
| 960 | 4.475 | 4.484 | 4.493 | 4.501 | 4.51 | 4.519 | 4.528 | 4.537 | 4.546 | 4.555 |
| 970 | 4.564 | 4.573 | 4.582 | 4.591 | 4.599 | 4.608 | 4.617 | 4.626 | 4.635 | 4.644 |
| 980 | 4.653 | 4.662 | 4.671 | 4.68 | 4.689 | 4.698 | 4.707 | 4.716 | 4.725 | 4.734 |
| 990 | 4.743 | 4.753 | 4.762 | 4.771 | 4.78 | 4.789 | 4.798 | 4.807 | 4.816 | 4.825 |
| 1000 | 4.834 | 4.843 | 4.853 | 4.862 | 4.871 | 4.88 | 4.889 | 4.898 | 4.908 | 4.917 |
| 1010 | 4.926 | 4.935 | 4.944 | 4.954 | 4.963 | 4.972 | 4.981 | 4.99 | 5 | 5.009 |
| 1020 | 5.018 | 5.027 | 5.037 | 5.046 | 5.055 | 5.065 | 5.074 | 5.083 | 5.092 | 5.102 |
| 1030 | 5.111 | 5.12 | 5.13 | 5.139 | 5.148 | 5.158 | 5.167 | 5.176 | 5.186 | 5.195 |
| 1040 | 5.205 | 5.214 | 5.223 | 5.233 | 5.242 | 5.252 | 5.261 | 5.27 | 5.28 | 5.289 |
| 1050 | 5.299 | 5.308 | 5.318 | 5.327 | 5.337 | 5.346 | 5.356 | 5.365 | 5.375 | 5.384 |
| 1060 | 5.394 | 5.403 | 5.413 | 5.422 | 5.432 | 5.441 | 5.451 | 5.46 | 5.47 | 5.48 |
| 1070 | 5.489 | 5.499 | 5.508 | 5.518 | 5.528 | 5.537 | 5.547 | 5.556 | 5.566 | 5.576 |
| 1080 | 5.585 | 5.595 | 5.605 | 5.614 | 5.624 | 5.634 | 5.643 | 5.653 | 5.663 | 5.672 |
| 1090 | 5.682 | 5.692 | 5.702 | 5.711 | 5.721 | 5.731 | 5.74 | 5.75 | 5.76 | 5.77 |
| 1100 | 5.78 | 5.789 | 5.799 | 5.809 | 5.819 | 5.828 | 5.838 | 5.848 | 5.858 | 5.868 |
| 1110 | 5.878 | 5.887 | 5.897 | 5.907 | 5.917 | 5.927 | 5.937 | 5.947 | 5.956 | 5.966 |
| 1120 | 5.976 | 5.986 | 5.996 | 6.006 | 6.016 | 6.026 | 6.036 | 6.046 | 6.055 | 6.065 |
| 1130 | 6.075 | 6.085 | 6.095 | 6.105 | 6.115 | 6.125 | 6.135 | 6.145 | 6.155 | 6.165 |
| 1140 | 6.175 | 6.185 | 6.195 | 6.205 | 6.215 | 6.225 | 6.235 | 6.245 | 6.256 | 6.266 |
| 1150 | 6.276 | 6.286 | 6.296 | 6.306 | 6.316 | 6.326 | 6.336 | 6.346 | 6.356 | 6.367 |
| 1160 | 6.377 | 6.387 | 6.397 | 6.407 | 6.417 | 6.427 | 6.438 | 6.448 | 6.458 | 6.468 |
| 1170 | 6.478 | 6.488 | 6.499 | 6.509 | 6.519 | 6.529 | 6.539 | 6.55 | 6.56 | 6.57 |
| 1180 | 6.58 | 6.591 | 6.601 | 6.611 | 6.621 | 6.632 | 6.642 | 6.652 | 6.663 | 6.673 |
| 1190 | 6.683 | 6.693 | 6.704 | 6.714 | 6.724 | 6.735 | 6.745 | 6.755 | 6.766 | 6.776 |

（续表）

| 温度/℃ | 0 | 1 | 2 | 3 | 4 | 5 | 6 | 7 | 8 | 9 |
|---|---|---|---|---|---|---|---|---|---|---|
| | 热电动势/mV（参考端为 0 ℃） | | | | | | | | | |
| 1200 | 6.786 | 6.797 | 6.807 | 6.818 | 6.828 | 6.838 | 6.849 | 6.859 | 6.869 | 6.88 |
| 1210 | 6.89 | 6.901 | 6.911 | 6.922 | 6.932 | 6.942 | 6.953 | 6.963 | 6.974 | 6.984 |
| 1220 | 6.995 | 7.005 | 7.016 | 7.026 | 7.037 | 7.047 | 7.058 | 7.068 | 7.079 | 7.089 |
| 1230 | 7.1 | 7.11 | 7.121 | 7.131 | 7.142 | 7.152 | 7.163 | 7.173 | 7.184 | 7.194 |
| 1240 | 7.205 | 7.216 | 7.226 | 7.237 | 7.247 | 7.258 | 7.269 | 7.279 | 7.29 | 7.3 |
| 1250 | 7.311 | 7.322 | 7.332 | 7.343 | 7.353 | 7.364 | 7.375 | 7.385 | 7.396 | 7.407 |
| 1260 | 7.417 | 7.428 | 7.439 | 7.449 | 7.46 | 7.471 | 7.482 | 7.492 | 7.503 | 7.514 |
| 1270 | 7.524 | 7.535 | 7.546 | 7.557 | 7.567 | 7.578 | 7.589 | 7.6 | 7.61 | 7.621 |
| 1280 | 7.632 | 7.643 | 7.653 | 7.664 | 7.675 | 7.686 | 7.697 | 7.707 | 7.718 | 7.729 |
| 1290 | 7.74 | 7.751 | 7.761 | 7.772 | 7.783 | 7.794 | 7.805 | 7.816 | 7.827 | 7.837 |
| 1300 | 7.848 | 7.859 | 7.87 | 7.881 | 7.892 | 7.903 | 7.914 | 7.924 | 7.935 | 7.946 |
| 1310 | 7.957 | 7.968 | 7.979 | 7.99 | 8.001 | 8.012 | 8.023 | 8.034 | 8.045 | 8.056 |
| 1320 | 8.066 | 8.077 | 8.088 | 8.099 | 8.11 | 8.121 | 8.132 | 8.143 | 8.154 | 8.165 |
| 1330 | 8.176 | 8.187 | 8.198 | 8.209 | 8.22 | 8.231 | 8.242 | 8.253 | 8.264 | 8.275 |
| 1340 | 8.286 | 8.298 | 8.309 | 8.32 | 8.331 | 8.342 | 8.353 | 8.364 | 8.375 | 8.386 |
| 1350 | 8.397 | 8.408 | 8.419 | 8.43 | 8.441 | 8.453 | 8.464 | 8.475 | 8.486 | 8.497 |
| 1360 | 8.508 | 8.519 | 8.53 | 8.542 | 8.553 | 8.564 | 8.575 | 8.586 | 8.597 | 8.608 |
| 1370 | 8.62 | 8.631 | 8.642 | 8.653 | 8.664 | 8.675 | 8.687 | 8.698 | 8.709 | 8.72 |
| 1380 | 8.731 | 8.743 | 8.754 | 8.765 | 8.776 | 8.787 | 8.799 | 8.81 | 8.821 | 8.832 |
| 1390 | 8.844 | 8.855 | 8.866 | 8.877 | 8.889 | 8.9 | 8.911 | 8.922 | 8.934 | 8.945 |
| 1400 | 8.956 | 8.967 | 8.979 | 8.99 | 9.001 | 9.013 | 9.024 | 9.035 | 9.047 | 9.058 |
| 1410 | 9.069 | 9.08 | 9.092 | 9.103 | 9.114 | 9.126 | 9.137 | 9.148 | 9.16 | 9.171 |
| 1420 | 9.182 | 9.194 | 9.205 | 9.216 | 9.228 | 9.239 | 9.251 | 9.262 | 9.273 | 9.285 |
| 1430 | 9.296 | 9.307 | 9.319 | 9.33 | 9.342 | 9.353 | 9.364 | 9.376 | 9.387 | 9.398 |
| 1440 | 9.41 | 9.421 | 9.433 | 9.444 | 9.456 | 9.467 | 9.478 | 9.49 | 9.501 | 9.513 |
| 1450 | 9.524 | 9.536 | 9.547 | 9.558 | 9.57 | 9.581 | 9.593 | 9.604 | 9.616 | 9.627 |
| 1460 | 9.639 | 9.65 | 9.662 | 9.673 | 9.684 | 9.696 | 9.707 | 9.719 | 9.73 | 9.742 |
| 1470 | 9.753 | 9.765 | 9.776 | 9.788 | 9.799 | 9.811 | 9.822 | 9.834 | 9.845 | 9.857 |
| 1480 | 9.868 | 9.88 | 9.891 | 9.903 | 9.914 | 9.926 | 9.937 | 9.949 | 9.961 | 9.972 |
| 1490 | 9.984 | 9.995 | 10.007 | 10.018 | 10.03 | 10.041 | 10.053 | 10.064 | 10.076 | 10.088 |

（续表）

| 温度/℃ | 0 | 1 | 2 | 3 | 4 | 5 | 6 | 7 | 8 | 9 |
|---|---|---|---|---|---|---|---|---|---|---|
| | 热电动势/mV（参考端为 0 ℃） | | | | | | | | | |
| 1500 | 10.099 | 10.111 | 10.122 | 10.134 | 10.145 | 10.157 | 10.168 | 10.18 | 10.192 | 10.203 |
| 1510 | 10.215 | 10.226 | 10.238 | 10.249 | 10.261 | 10.273 | 10.284 | 10.296 | 10.307 | 10.319 |
| 1520 | 10.331 | 10.342 | 10.354 | 10.365 | 10.377 | 10.389 | 10.4 | 10.412 | 10.423 | 10.435 |
| 1530 | 10.447 | 10.458 | 10.47 | 10.482 | 10.493 | 10.505 | 10.516 | 10.528 | 10.54 | 10.551 |
| 1540 | 10.563 | 10.575 | 10.586 | 10.598 | 10.609 | 10.621 | 10.633 | 10.644 | 10.656 | 10.668 |
| 1550 | 10.679 | 10.691 | 10.703 | 10.714 | 10.726 | 10.738 | 10.749 | 10.761 | 10.773 | 10.784 |
| 1560 | 10.796 | 10.808 | 10.819 | 10.831 | 10.843 | 10.854 | 10.866 | 10.877 | 10.889 | 10.901 |
| 1570 | 10.913 | 10.924 | 10.936 | 10.948 | 10.959 | 10.971 | 10.983 | 10.994 | 11.006 | 11.018 |
| 1580 | 11.029 | 11.041 | 11.053 | 11.064 | 11.076 | 11.088 | 11.099 | 11.111 | 11.123 | 11.134 |
| 1590 | 11.146 | 11.158 | 11.169 | 11.181 | 11.193 | 11.205 | 11.216 | 11.228 | 11.24 | 11.251 |
| 1600 | 11.263 | 11.275 | 11.286 | 11.298 | 11.31 | 11.321 | 11.333 | 11.345 | 11.357 | 11.368 |
| 1610 | 11.38 | 11.392 | 11.403 | 11.415 | 11.427 | 11.438 | 11.45 | 11.462 | 11.474 | 11.485 |
| 1620 | 11.497 | 11.509 | 11.52 | 11.532 | 11.544 | 11.555 | 11.567 | 11.579 | 11.591 | 11.602 |
| 1630 | 11.614 | 11.626 | 11.637 | 11.649 | 11.661 | 11.673 | 11.684 | 11.696 | 11.708 | 11.719 |
| 1640 | 11.731 | 11.743 | 11.754 | 11.766 | 11.778 | 11.79 | 11.801 | 11.813 | 11.825 | 11.836 |
| 1650 | 11.848 | 11.86 | 11.871 | 11.883 | 11.895 | 11.907 | 11.918 | 11.93 | 11.942 | 11.953 |
| 1660 | 11.965 | 11.977 | 11.988 | 12 | 12.012 | 12.024 | 12.035 | 12.047 | 12.059 | 12.07 |
| 1670 | 12.082 | 12.094 | 12.105 | 12.117 | 12.129 | 12.141 | 12.152 | 12.164 | 12.176 | 12.187 |
| 1680 | 12.199 | 12.211 | 12.222 | 12.234 | 12.246 | 12.257 | 12.269 | 12.281 | 12.292 | 12.304 |
| 1690 | 12.316 | 12.327 | 12.339 | 12.351 | 12.363 | 12.374 | 12.386 | 12.398 | 12.409 | 12.421 |
| 1700 | 12.433 | 12.444 | 12.456 | 12.468 | 12.479 | 12.491 | 12.503 | 12.514 | 12.526 | 12.538 |
| 1710 | 12.549 | 12.561 | 12.572 | 12.584 | 12.596 | 12.607 | 12.619 | 12.631 | 12.642 | 12.654 |
| 1720 | 12.666 | 12.677 | 12.689 | 12.701 | 12.712 | 12.724 | 12.736 | 12.747 | 12.759 | 12.77 |
| 1730 | 12.782 | 12.794 | 12.805 | 12.817 | 12.829 | 12.84 | 12.852 | 12.863 | 12.875 | 12.887 |
| 1740 | 12.898 | 12.91 | 12.921 | 12.933 | 12.945 | 12.956 | 12.968 | 12.98 | 12.991 | 13.003 |
| 1750 | 13.014 | 13.026 | 13.037 | 13.049 | 13.061 | 13.072 | 13.084 | 13.095 | 13.107 | 13.119 |
| 1760 | 13.13 | 13.142 | 13.153 | 13.165 | 13.176 | 13.188 | 13.2 | 13.211 | 13.223 | 13.234 |
| 1770 | 13.246 | 13.257 | 13.269 | 13.28 | 13.292 | 13.304 | 13.315 | 13.327 | 13.338 | 13.35 |
| 1780 | 13.361 | 13.373 | 13.384 | 13.396 | 13.407 | 13.419 | 13.43 | 13.442 | 13.453 | 13.465 |
| 1790 | 13.476 | 13.488 | 13.499 | 13.511 | 13.522 | 13.534 | 13.545 | 13.557 | 13.568 | 13.58 |

**（续表）**

| 温度/℃ | 0 | 1 | 2 | 3 | 4 | 5 | 6 | 7 | 8 | 9 |
|---|---|---|---|---|---|---|---|---|---|---|
| | 热电动势/mV（参考端为 0 ℃） | | | | | | | | | |
| 1800 | 13.591 | 13.603 | 13.614 | 13.626 | 13.637 | 13.649 | 13.66 | 13.672 | 13.683 | 13.694 |
| 1810 | 13.706 | 13.717 | 13.729 | 13.74 | 13.752 | 13.763 | 13.775 | 13.786 | 13.797 | 13.809 |
| 1820 | 13.82 | — | — | — | — | — | — | — | — | — |

## 镍铬硅-镍硅热电偶（N 型）分度表（ITS-90）

| 温度/℃ | 0 | −1 | −2 | −3 | −4 | −5 | −6 | −7 | −8 | −9 |
|---|---|---|---|---|---|---|---|---|---|---|
| | 热电动势/mV（参考端为 0 ℃） | | | | | | | | | |
| −270 | −4.345 | — | — | — | — | — | — | — | — | — |
| −260 | −4.336 | −4.337 | −4.339 | −4.34 | −4.341 | −4.342 | −4.343 | −4.344 | −4.344 | −4.345 |
| −250 | −4.313 | −4.316 | −4.319 | −4.321 | −4.324 | −4.326 | −4.328 | −4.33 | −4.332 | −4.334 |
| −240 | −4.277 | −4.281 | −4.285 | −4.289 | −4.293 | −4.297 | −4.3 | −4.304 | −4.307 | −4.31 |
| −230 | −4.226 | −4.232 | −4.238 | −4.243 | −4.248 | −4.254 | −4.258 | −4.263 | −4.268 | −4.273 |
| −220 | −4.162 | −4.169 | −4.176 | −4.183 | −4.189 | −4.196 | −4.202 | −4.209 | −4.215 | −4.221 |
| −210 | −4.083 | −4.091 | −4.1 | −4.108 | −4.116 | −4.124 | −4.132 | −4.14 | −4.147 | −4.154 |
| −200 | −3.99 | −4 | −4.01 | −4.02 | −4.029 | −4.038 | −4.048 | −4.057 | −4.066 | −4.074 |
| −190 | −3.884 | −3.896 | −3.907 | −3.918 | −3.928 | −3.939 | −3.95 | −3.96 | −3.97 | −3.98 |
| −180 | −3.766 | −3.778 | −3.79 | −3.803 | −3.815 | −3.827 | −3.838 | −3.85 | −3.862 | −3.873 |
| −170 | −3.634 | −3.648 | −3.662 | −3.675 | −3.688 | −3.702 | −3.715 | −3.728 | −3.74 | −3.753 |
| −160 | −3.491 | −3.506 | −3.521 | −3.535 | −3.55 | −3.564 | −3.578 | −3.593 | −3.607 | −3.621 |
| −150 | −3.336 | −3.352 | −3.368 | −3.384 | −3.4 | −3.415 | −3.431 | −3.446 | −3.461 | −3.476 |
| −140 | −3.171 | −3.188 | −3.205 | −3.221 | −3.238 | −3.255 | −3.271 | −3.288 | −3.304 | −3.32 |
| −130 | −2.994 | −3.012 | −3.03 | −3.048 | −3.066 | −3.084 | −3.101 | −3.119 | −3.136 | −3.153 |
| −120 | −2.808 | −2.827 | −2.846 | −2.865 | −2.883 | −2.902 | −2.921 | −2.939 | −2.958 | −2.976 |
| −110 | −2.612 | −2.632 | −2.652 | −2.672 | −2.691 | −2.711 | −2.73 | −2.75 | −2.769 | −2.789 |
| −100 | −2.407 | −2.428 | −2.448 | −2.469 | −2.49 | −2.51 | −2.531 | −2.551 | −2.571 | −2.592 |
| −90 | −2.193 | −2.215 | −2.237 | −2.258 | −2.28 | −2.301 | −2.322 | −2.344 | −2.365 | −2.386 |
| −80 | −1.972 | −1.995 | −2.017 | −2.039 | −2.062 | −2.084 | −2.106 | −2.128 | −2.15 | −2.172 |
| −70 | −1.744 | −1.767 | −1.79 | −1.813 | −1.836 | −1.859 | −1.882 | −1.905 | −1.927 | −1.95 |
| −60 | −1.509 | −1.533 | −1.557 | −1.58 | −1.604 | −1.627 | −1.651 | −1.674 | −1.698 | −1.721 |
| −50 | −1.269 | −1.293 | −1.317 | −1.341 | −1.366 | −1.39 | −1.414 | −1.438 | −1.462 | −1.485 |
| −40 | −1.023 | −1.048 | −1.072 | −1.097 | −1.122 | −1.146 | −1.171 | −1.195 | −1.22 | −1.244 |
| −30 | −0.772 | −0.798 | −0.823 | −0.848 | −0.873 | −0.898 | −0.923 | −0.948 | −0.973 | −0.998 |
| −20 | −0.518 | −0.544 | −0.569 | −0.595 | −0.62 | −0.646 | −0.671 | −0.696 | −0.722 | −0.747 |
| −10 | −0.26 | −0.286 | −0.312 | −0.338 | −0.364 | −0.39 | −0.415 | −0.441 | −0.467 | −0.492 |
| 0 | 0 | −0.026 | −0.052 | −0.078 | −0.104 | −0.131 | −0.157 | −0.183 | −0.209 | −0.234 |

（续表）

| 温度 /℃ | 0 | 1 | 2 | 3 | 4 | 5 | 6 | 7 | 8 | 9 |
|---|---|---|---|---|---|---|---|---|---|---|
| | 热电动势/mV（参考端为 0 ℃） | | | | | | | | | |
| 0 | 0 | 0.026 | 0.052 | 0.078 | 0.104 | 0.13 | 0.156 | 0.182 | 0.208 | 0.235 |
| 10 | 0.261 | 0.287 | 0.313 | 0.34 | 0.366 | 0.393 | 0.419 | 0.446 | 0.472 | 0.499 |
| 20 | 0.525 | 0.552 | 0.578 | 0.605 | 0.632 | 0.659 | 0.685 | 0.712 | 0.739 | 0.766 |
| 30 | 0.793 | 0.82 | 0.847 | 0.874 | 0.901 | 0.928 | 0.955 | 0.983 | 1.01 | 1.037 |
| 40 | 1.065 | 1.092 | 1.119 | 1.147 | 1.174 | 1.202 | 1.229 | 1.257 | 1.284 | 1.312 |
| 50 | 1.34 | 1.368 | 1.395 | 1.423 | 1.451 | 1.479 | 1.507 | 1.535 | 1.563 | 1.591 |
| 60 | 1.619 | 1.647 | 1.675 | 1.703 | 1.732 | 1.76 | 1.788 | 1.817 | 1.845 | 1.873 |
| 70 | 1.902 | 1.93 | 1.959 | 1.988 | 2.016 | 2.045 | 2.074 | 2.102 | 2.131 | 2.16 |
| 80 | 2.189 | 2.218 | 2.247 | 2.276 | 2.305 | 2.334 | 2.363 | 2.392 | 2.421 | 2.45 |
| 90 | 2.48 | 2.509 | 2.538 | 2.568 | 2.597 | 2.626 | 2.656 | 2.685 | 2.715 | 2.744 |
| 100 | 2.774 | 2.804 | 2.833 | 2.863 | 2.893 | 2.923 | 2.953 | 2.983 | 3.012 | 3.042 |
| 110 | 3.072 | 3.102 | 3.133 | 3.163 | 3.193 | 3.223 | 3.253 | 3.283 | 3.314 | 3.344 |
| 120 | 3.374 | 3.405 | 3.435 | 3.466 | 3.496 | 3.527 | 3.557 | 3.588 | 3.619 | 3.649 |
| 130 | 3.68 | 3.711 | 3.742 | 3.772 | 3.803 | 3.834 | 3.865 | 3.896 | 3.927 | 3.958 |
| 140 | 3.989 | 4.02 | 4.051 | 4.083 | 4.114 | 4.145 | 4.176 | 4.208 | 4.239 | 4.27 |
| 150 | 4.302 | 4.333 | 4.365 | 4.396 | 4.428 | 4.459 | 4.491 | 4.523 | 4.554 | 4.586 |
| 160 | 4.618 | 4.65 | 4.681 | 4.713 | 4.745 | 4.777 | 4.809 | 4.841 | 4.873 | 4.905 |
| 170 | 4.937 | 4.969 | 5.001 | 5.033 | 5.066 | 5.098 | 5.13 | 5.162 | 5.195 | 5.227 |
| 180 | 5.259 | 5.292 | 5.324 | 5.357 | 5.389 | 5.422 | 5.454 | 5.487 | 5.52 | 5.552 |
| 190 | 5.585 | 5.618 | 5.65 | 5.683 | 5.716 | 5.749 | 5.782 | 5.815 | 5.847 | 5.88 |
| 200 | 5.913 | 5.946 | 5.979 | 6.013 | 6.046 | 6.079 | 6.112 | 6.145 | 6.178 | 6.211 |
| 210 | 6.245 | 6.278 | 6.311 | 6.345 | 6.378 | 6.411 | 6.445 | 6.478 | 6.512 | 6.545 |
| 220 | 6.579 | 6.612 | 6.646 | 6.68 | 6.713 | 6.747 | 6.781 | 6.814 | 6.848 | 6.882 |
| 230 | 6.916 | 6.949 | 6.983 | 7.017 | 7.051 | 7.085 | 7.119 | 7.153 | 7.187 | 7.221 |
| 240 | 7.255 | 7.289 | 7.323 | 7.357 | 7.392 | 7.426 | 7.46 | 7.494 | 7.528 | 7.563 |
| 250 | 7.597 | 7.631 | 7.666 | 7.7 | 7.734 | 7.769 | 7.803 | 7.838 | 7.872 | 7.907 |
| 260 | 7.941 | 7.976 | 8.01 | 8.045 | 8.08 | 8.114 | 8.149 | 8.184 | 8.218 | 8.253 |
| 270 | 8.288 | 8.323 | 8.358 | 8.392 | 8.427 | 8.462 | 8.497 | 8.532 | 8.567 | 8.602 |
| 280 | 8.637 | 8.672 | 8.707 | 8.742 | 8.777 | 8.812 | 8.847 | 8.882 | 8.918 | 8.953 |
| 290 | 8.988 | 9.023 | 9.058 | 9.094 | 9.129 | 9.164 | 9.2 | 9.235 | 9.27 | 9.306 |

（续表）

| 温度/℃ | 0 | 1 | 2 | 3 | 4 | 5 | 6 | 7 | 8 | 9 |
|---|---|---|---|---|---|---|---|---|---|---|
| | 热电动势/mV（参考端为 0 ℃） | | | | | | | | | |
| 300 | 9.341 | 9.377 | 9.412 | 9.448 | 9.483 | 9.519 | 9.554 | 9.59 | 9.625 | 9.661 |
| 310 | 9.696 | 9.732 | 9.768 | 9.803 | 9.839 | 9.875 | 9.91 | 9.946 | 9.982 | 10.018 |
| 320 | 10.054 | 10.089 | 10.125 | 10.161 | 10.197 | 10.233 | 10.269 | 10.305 | 10.341 | 10.377 |
| 330 | 10.413 | 10.449 | 10.485 | 10.521 | 10.557 | 10.593 | 10.629 | 10.665 | 10.701 | 10.737 |
| 340 | 10.774 | 10.81 | 10.846 | 10.882 | 10.918 | 10.955 | 10.991 | 11.027 | 11.064 | 11.1 |
| 350 | 11.136 | 11.173 | 11.209 | 11.245 | 11.282 | 11.318 | 11.355 | 11.391 | 11.428 | 11.464 |
| 360 | 11.501 | 11.537 | 11.574 | 11.61 | 11.647 | 11.683 | 11.72 | 11.757 | 11.793 | 11.83 |
| 370 | 11.867 | 11.903 | 11.94 | 11.977 | 12.013 | 12.05 | 12.087 | 12.124 | 12.16 | 12.197 |
| 380 | 12.234 | 12.271 | 12.308 | 12.345 | 12.382 | 12.418 | 12.455 | 12.492 | 12.529 | 12.566 |
| 390 | 12.603 | 12.64 | 12.677 | 12.714 | 12.751 | 12.788 | 12.825 | 12.862 | 12.899 | 12.937 |
| 400 | 12.974 | 13.011 | 13.048 | 13.085 | 13.122 | 13.159 | 13.197 | 13.234 | 13.271 | 13.308 |
| 410 | 13.346 | 13.383 | 13.42 | 13.457 | 13.495 | 13.532 | 13.569 | 13.607 | 13.644 | 13.682 |
| 420 | 13.719 | 13.756 | 13.794 | 13.831 | 13.869 | 13.906 | 13.944 | 13.981 | 14.019 | 14.056 |
| 430 | 14.094 | 14.131 | 14.169 | 14.206 | 14.244 | 14.281 | 14.319 | 14.356 | 14.394 | 14.432 |
| 440 | 14.469 | 14.507 | 14.545 | 14.582 | 14.62 | 14.658 | 14.695 | 14.733 | 14.771 | 14.809 |
| 450 | 14.846 | 14.884 | 14.922 | 14.96 | 14.998 | 15.035 | 15.073 | 15.111 | 15.149 | 15.187 |
| 460 | 15.225 | 15.262 | 15.3 | 15.338 | 15.376 | 15.414 | 15.452 | 15.49 | 15.528 | 15.566 |
| 470 | 15.604 | 15.642 | 15.68 | 15.718 | 15.756 | 15.794 | 15.832 | 15.87 | 15.908 | 15.946 |
| 480 | 15.984 | 16.022 | 16.06 | 16.099 | 16.137 | 16.175 | 16.213 | 16.251 | 16.289 | 16.327 |
| 490 | 16.366 | 16.404 | 16.442 | 16.48 | 16.518 | 16.557 | 16.595 | 16.633 | 16.671 | 16.71 |
| 500 | 16.748 | 16.786 | 16.824 | 16.863 | 16.901 | 16.939 | 16.978 | 17.016 | 17.054 | 17.093 |
| 510 | 17.131 | 17.169 | 17.208 | 17.246 | 17.285 | 17.323 | 17.361 | 17.4 | 17.438 | 17.477 |
| 520 | 17.515 | 17.554 | 17.592 | 17.63 | 17.669 | 17.707 | 17.746 | 17.784 | 17.823 | 17.861 |
| 530 | 17.9 | 17.938 | 17.977 | 18.016 | 18.054 | 18.093 | 18.131 | 18.17 | 18.208 | 18.247 |
| 540 | 18.286 | 18.324 | 18.363 | 18.401 | 18.44 | 18.479 | 18.517 | 18.556 | 18.595 | 18.633 |
| 550 | 18.672 | 18.711 | 18.749 | 18.788 | 18.827 | 18.865 | 18.904 | 18.943 | 18.982 | 19.02 |
| 560 | 19.059 | 19.098 | 19.136 | 19.175 | 19.214 | 19.253 | 19.292 | 19.33 | 19.369 | 19.408 |
| 570 | 19.447 | 19.485 | 19.524 | 19.563 | 19.602 | 19.641 | 19.68 | 19.718 | 19.757 | 19.796 |
| 580 | 19.835 | 19.874 | 19.913 | 19.952 | 19.99 | 20.029 | 20.068 | 20.107 | 20.146 | 20.185 |
| 590 | 20.224 | 20.263 | 20.302 | 20.341 | 20.379 | 20.418 | 20.457 | 20.496 | 20.535 | 20.574 |

（续表）

| 温度/℃ | 0 | 1 | 2 | 3 | 4 | 5 | 6 | 7 | 8 | 9 |
|---|---|---|---|---|---|---|---|---|---|---|
| | 热电动势/mV（参考端为0 ℃） | | | | | | | | | |
| 600 | 20.613 | 20.652 | 20.691 | 20.73 | 20.769 | 20.808 | 20.847 | 20.886 | 20.925 | 20.964 |
| 610 | 21.003 | 21.042 | 21.081 | 21.12 | 21.159 | 21.198 | 21.237 | 21.276 | 21.315 | 21.354 |
| 620 | 21.393 | 21.432 | 21.471 | 21.51 | 21.549 | 21.588 | 21.628 | 21.667 | 21.706 | 21.745 |
| 630 | 21.784 | 21.823 | 21.862 | 21.901 | 21.94 | 21.979 | 22.018 | 22.058 | 22.097 | 22.136 |
| 640 | 22.175 | 22.214 | 22.253 | 22.292 | 22.331 | 22.37 | 22.41 | 22.449 | 22.488 | 22.527 |
| 650 | 22.566 | 22.605 | 22.644 | 22.684 | 22.723 | 22.762 | 22.801 | 22.84 | 22.879 | 22.919 |
| 660 | 22.958 | 22.997 | 23.036 | 23.075 | 23.115 | 23.154 | 23.193 | 23.232 | 23.271 | 23.311 |
| 670 | 23.35 | 23.389 | 23.428 | 23.467 | 23.507 | 23.546 | 23.585 | 23.624 | 23.663 | 23.703 |
| 680 | 23.742 | 23.781 | 23.82 | 23.86 | 23.899 | 23.938 | 23.977 | 24.016 | 24.056 | 24.095 |
| 690 | 24.134 | 24.173 | 24.213 | 24.252 | 24.291 | 24.33 | 24.37 | 24.409 | 24.448 | 24.487 |
| 700 | 24.527 | 24.566 | 24.605 | 24.644 | 24.684 | 24.723 | 24.762 | 24.801 | 24.841 | 24.88 |
| 710 | 24.919 | 24.959 | 24.998 | 25.037 | 25.076 | 25.116 | 25.155 | 25.194 | 25.233 | 25.273 |
| 720 | 25.312 | 25.351 | 25.391 | 25.43 | 25.469 | 25.508 | 25.548 | 25.587 | 25.626 | 25.666 |
| 730 | 25.705 | 25.744 | 25.783 | 25.823 | 25.862 | 25.901 | 25.941 | 25.98 | 26.019 | 26.058 |
| 740 | 26.098 | 26.137 | 26.176 | 26.216 | 26.255 | 26.294 | 26.333 | 26.373 | 26.412 | 26.451 |
| 750 | 26.491 | 26.53 | 26.569 | 26.608 | 26.648 | 26.687 | 26.726 | 26.766 | 26.805 | 26.844 |
| 760 | 26.883 | 26.923 | 26.962 | 27.001 | 27.041 | 27.08 | 27.119 | 27.158 | 27.198 | 27.237 |
| 770 | 27.276 | 27.316 | 27.355 | 27.394 | 27.433 | 27.473 | 27.512 | 27.551 | 27.591 | 27.63 |
| 780 | 27.669 | 27.708 | 27.748 | 27.787 | 27.826 | 27.866 | 27.905 | 27.944 | 27.983 | 28.023 |
| 790 | 28.062 | 28.101 | 28.14 | 28.18 | 28.219 | 28.258 | 28.297 | 28.337 | 28.376 | 28.415 |
| 800 | 28.455 | 28.494 | 28.533 | 28.572 | 28.612 | 28.651 | 28.69 | 28.729 | 28.769 | 28.808 |
| 810 | 28.847 | 28.886 | 28.926 | 28.965 | 29.004 | 29.043 | 29.083 | 29.122 | 29.161 | 29.2 |
| 820 | 29.239 | 29.279 | 29.318 | 29.357 | 29.396 | 29.436 | 29.475 | 29.514 | 29.553 | 29.592 |
| 830 | 29.632 | 29.671 | 29.71 | 29.749 | 29.789 | 29.828 | 29.867 | 29.906 | 29.945 | 29.985 |
| 840 | 30.024 | 30.063 | 30.102 | 30.141 | 30.181 | 30.22 | 30.259 | 30.298 | 30.337 | 30.376 |
| 850 | 30.416 | 30.455 | 30.494 | 30.533 | 30.572 | 30.611 | 30.651 | 30.69 | 30.729 | 30.768 |
| 860 | 30.807 | 30.846 | 30.886 | 30.925 | 30.964 | 31.003 | 31.042 | 31.081 | 31.12 | 31.16 |
| 870 | 31.199 | 31.238 | 31.277 | 31.316 | 31.355 | 31.394 | 31.433 | 31.473 | 31.512 | 31.551 |
| 880 | 31.59 | 31.629 | 31.668 | 31.707 | 31.746 | 31.785 | 31.824 | 31.863 | 31.903 | 31.942 |
| 890 | 31.981 | 32.02 | 32.059 | 32.098 | 32.137 | 32.176 | 32.215 | 32.254 | 32.293 | 32.332 |

（续表）

| 温度/℃ | 0 | 1 | 2 | 3 | 4 | 5 | 6 | 7 | 8 | 9 |
|---|---|---|---|---|---|---|---|---|---|---|
| | 热电动势/mV（参考端为 0 ℃） | | | | | | | | | |
| 900 | 32.371 | 32.41 | 32.449 | 32.488 | 32.527 | 32.566 | 32.605 | 32.644 | 32.683 | 32.722 |
| 910 | 32.761 | 32.8 | 32.839 | 32.878 | 32.917 | 32.956 | 32.995 | 33.034 | 33.073 | 33.112 |
| 920 | 33.151 | 33.19 | 33.229 | 33.268 | 33.307 | 33.346 | 33.385 | 33.424 | 33.463 | 33.502 |
| 930 | 33.541 | 33.58 | 33.619 | 33.658 | 33.697 | 33.736 | 33.774 | 33.813 | 33.852 | 33.891 |
| 940 | 33.93 | 33.969 | 34.008 | 34.047 | 34.086 | 34.124 | 34.163 | 34.202 | 34.241 | 34.28 |
| 950 | 34.319 | 34.358 | 34.396 | 34.435 | 34.474 | 34.513 | 34.552 | 34.591 | 34.629 | 34.668 |
| 960 | 34.707 | 34.746 | 34.785 | 34.823 | 34.862 | 34.901 | 34.94 | 34.979 | 35.017 | 35.056 |
| 970 | 35.095 | 35.134 | 35.172 | 35.211 | 35.25 | 35.289 | 35.327 | 35.366 | 35.405 | 35.444 |
| 980 | 35.482 | 35.521 | 35.56 | 35.598 | 35.637 | 35.676 | 35.714 | 35.753 | 35.792 | 35.831 |
| 990 | 35.869 | 35.908 | 35.946 | 35.985 | 36.024 | 36.062 | 36.101 | 36.14 | 36.178 | 36.217 |
| 1000 | 36.256 | 36.294 | 36.333 | 36.371 | 36.41 | 36.449 | 36.487 | 36.526 | 36.564 | 36.603 |
| 1010 | 36.641 | 36.68 | 36.718 | 36.757 | 36.796 | 36.834 | 36.873 | 36.911 | 36.95 | 36.988 |
| 1020 | 37.027 | 37.065 | 37.104 | 37.142 | 37.181 | 37.219 | 37.258 | 37.296 | 37.334 | 37.373 |
| 1030 | 37.411 | 37.45 | 37.488 | 37.527 | 37.565 | 37.603 | 37.642 | 37.68 | 37.719 | 37.757 |
| 1040 | 37.795 | 37.834 | 37.872 | 37.911 | 37.949 | 37.987 | 38.026 | 38.064 | 38.102 | 38.141 |
| 1050 | 38.179 | 38.217 | 38.256 | 38.294 | 38.332 | 38.37 | 38.409 | 38.447 | 38.485 | 38.524 |
| 1060 | 38.562 | 38.6 | 38.638 | 38.677 | 38.715 | 38.753 | 38.791 | 38.829 | 38.868 | 38.906 |
| 1070 | 38.944 | 38.982 | 39.02 | 39.059 | 39.097 | 39.135 | 39.173 | 39.211 | 39.249 | 39.287 |
| 1080 | 39.326 | 39.364 | 39.402 | 39.44 | 39.478 | 39.516 | 39.554 | 39.592 | 39.63 | 39.668 |
| 1090 | 39.706 | 39.744 | 39.783 | 39.821 | 39.859 | 39.897 | 39.935 | 39.973 | 40.011 | 40.049 |
| 1100 | 40.087 | 40.125 | 40.163 | 40.201 | 40.238 | 40.276 | 40.314 | 40.352 | 40.39 | 40.428 |
| 1110 | 40.466 | 40.504 | 40.542 | 40.58 | 40.618 | 40.655 | 40.693 | 40.731 | 40.769 | 40.807 |
| 1120 | 40.845 | 40.883 | 40.92 | 40.958 | 40.996 | 41.034 | 41.072 | 41.109 | 41.147 | 41.185 |
| 1130 | 41.223 | 41.26 | 41.298 | 41.336 | 41.374 | 41.411 | 41.449 | 41.487 | 41.525 | 41.562 |
| 1140 | 41.6 | 41.638 | 41.675 | 41.713 | 41.751 | 41.788 | 41.826 | 41.864 | 41.901 | 41.939 |
| 1150 | 41.976 | 42.014 | 42.052 | 42.089 | 42.127 | 42.164 | 42.202 | 42.239 | 42.277 | 42.314 |
| 1160 | 42.352 | 42.39 | 42.427 | 42.465 | 42.502 | 42.54 | 42.577 | 42.614 | 42.652 | 42.689 |
| 1170 | 42.727 | 42.764 | 42.802 | 42.839 | 42.877 | 42.914 | 42.951 | 42.989 | 43.026 | 43.064 |
| 1180 | 43.101 | 43.138 | 43.176 | 43.213 | 43.25 | 43.288 | 43.325 | 43.362 | 43.399 | 43.437 |
| 1190 | 43.474 | 43.511 | 43.549 | 43.586 | 43.623 | 43.66 | 43.698 | 43.735 | 43.772 | 43.809 |

（续表）

| 温度/℃ | 0 | 1 | 2 | 3 | 4 | 5 | 6 | 7 | 8 | 9 |
|---|---|---|---|---|---|---|---|---|---|---|
| | 热电动势/mV（参考端为 0 ℃） | | | | | | | | | |
| 1200 | 43.846 | 43.884 | 43.921 | 43.958 | 43.995 | 44.032 | 44.069 | 44.106 | 44.144 | 44.181 |
| 1210 | 44.218 | 44.255 | 44.292 | 44.329 | 44.366 | 44.403 | 44.44 | 44.477 | 44.514 | 44.551 |
| 1220 | 44.588 | 44.625 | 44.662 | 44.699 | 44.736 | 44.773 | 44.81 | 44.847 | 44.884 | 44.921 |
| 1230 | 44.958 | 44.995 | 45.032 | 45.069 | 45.105 | 45.142 | 45.179 | 45.216 | 45.253 | 45.29 |
| 1240 | 45.326 | 45.363 | 45.4 | 45.437 | 45.474 | 45.51 | 45.547 | 45.584 | 45.621 | 45.657 |
| 1250 | 45.694 | 45.731 | 45.767 | 45.804 | 45.841 | 45.877 | 45.914 | 45.951 | 45.987 | 46.024 |
| 1260 | 46.06 | 46.097 | 46.133 | 46.17 | 46.207 | 46.243 | 46.28 | 46.316 | 46.353 | 46.389 |
| 1270 | 46.425 | 46.462 | 46.498 | 46.535 | 46.571 | 46.608 | 46.644 | 46.68 | 46.717 | 46.753 |
| 1280 | 46.789 | 46.826 | 46.862 | 46.898 | 46.935 | 46.971 | 47.007 | 47.043 | 47.079 | 47.116 |
| 1290 | 47.152 | 47.188 | 47.224 | 47.26 | 47.296 | 47.333 | 47.369 | 47.405 | 47.441 | 47.477 |
| 1300 | 47.513 | — | — | — | — | — | — | — | — | — |

## 镍铬-镍硅热电偶（K 型）分度表（ITS-90）

| 温度/℃ | 0 | −1 | −2 | −3 | −4 | −5 | −6 | −7 | −8 | −9 |
|---|---|---|---|---|---|---|---|---|---|---|
| | 热电动势/mV（参考端为 0 ℃） | | | | | | | | | |
| −270 | −6.458 | — | — | — | — | — | — | — | — | — |
| −260 | −6.441 | −6.444 | −6.446 | −6.448 | −6.45 | −6.452 | −6.453 | −6.455 | −6.456 | −6.457 |
| −250 | −6.404 | −6.408 | −6.413 | −6.417 | −6.421 | −6.425 | −6.429 | −6.432 | −6.435 | −6.438 |
| −240 | −6.344 | −6.351 | −6.358 | −6.364 | −6.37 | −6.377 | −6.382 | −6.388 | −6.393 | −6.399 |
| −230 | −6.262 | −6.271 | −6.28 | −6.289 | −6.297 | −6.306 | −6.314 | −6.322 | −6.329 | −6.337 |
| −220 | −6.158 | −6.17 | −6.181 | −6.192 | −6.202 | −6.213 | −6.223 | −6.233 | −6.243 | −6.252 |
| −210 | −6.035 | −6.048 | −6.061 | −6.074 | −6.087 | −6.099 | −6.111 | −6.123 | −6.135 | −6.147 |
| −200 | −5.891 | −5.907 | −5.922 | −5.936 | −5.951 | −5.965 | −5.98 | −5.994 | −6.007 | −6.021 |
| −190 | −5.73 | −5.747 | −5.763 | −5.78 | −5.797 | −5.813 | −5.829 | −5.845 | −5.861 | −5.876 |
| −180 | −5.55 | −5.569 | −5.588 | −5.606 | −5.624 | −5.642 | −5.66 | −5.678 | −5.695 | −5.713 |
| −170 | −5.354 | −5.374 | −5.395 | −5.415 | −5.435 | −5.454 | −5.474 | −5.493 | −5.512 | −5.531 |
| −160 | −5.141 | −5.163 | −5.185 | −5.207 | −5.228 | −5.25 | −5.271 | −5.292 | −5.313 | −5.333 |
| −150 | −4.913 | −4.936 | −4.96 | −4.983 | −5.006 | −5.029 | −5.052 | −5.074 | −5.097 | −5.119 |
| −140 | −4.669 | −4.694 | −4.719 | −4.744 | −4.768 | −4.793 | −4.817 | −4.841 | −4.865 | −4.889 |
| −130 | −4.411 | −4.437 | −4.463 | −4.49 | −4.516 | −4.542 | −4.567 | −4.593 | −4.618 | −4.644 |
| −120 | −4.138 | −4.166 | −4.194 | −4.221 | −4.249 | −4.276 | −4.303 | −4.33 | −4.357 | −4.384 |
| −110 | −3.852 | −3.882 | −3.911 | −3.939 | −3.968 | −3.997 | −4.025 | −4.054 | −4.082 | −4.11 |
| −100 | −3.554 | −3.584 | −3.614 | −3.645 | −3.675 | −3.705 | −3.734 | −3.764 | −3.794 | −3.823 |
| −90 | −3.243 | −3.274 | −3.306 | −3.337 | −3.368 | −3.4 | −3.431 | −3.462 | −3.492 | −3.523 |
| −80 | −2.92 | −2.953 | −2.986 | −3.018 | −3.05 | −3.083 | −3.115 | −3.147 | −3.179 | −3.211 |
| −70 | −2.587 | −2.62 | −2.654 | −2.688 | −2.721 | −2.755 | −2.788 | −2.821 | −2.854 | −2.887 |
| −60 | −2.243 | −2.278 | −2.312 | −2.347 | −2.382 | −2.416 | −2.45 | −2.485 | −2.519 | −2.553 |
| −50 | −1.889 | −1.925 | −1.961 | −1.996 | −2.032 | −2.067 | −2.103 | −2.138 | −2.173 | −2.208 |
| −40 | −1.527 | −1.564 | −1.6 | −1.637 | −1.673 | −1.709 | −1.745 | −1.782 | −1.818 | −1.854 |
| −30 | −1.156 | −1.194 | −1.231 | −1.268 | −1.305 | −1.343 | −1.38 | −1.417 | −1.453 | −1.49 |
| −20 | −0.778 | −0.816 | −0.854 | −0.892 | −0.93 | −0.968 | −1.006 | −1.043 | −1.081 | −1.119 |
| −10 | −0.392 | −0.431 | −0.47 | −0.508 | −0.547 | −0.586 | −0.624 | −0.663 | −0.701 | −0.739 |
| 0 | 0 | −0.039 | −0.079 | −0.118 | −0.157 | −0.197 | −0.236 | −0.275 | −0.314 | −0.353 |

（续表）

| 温度/℃ | 0 | 1 | 2 | 3 | 4 | 5 | 6 | 7 | 8 | 9 |
|---|---|---|---|---|---|---|---|---|---|---|
| | 热电动势/mV（参考端为 0 ℃） | | | | | | | | | |
| 0 | 0 | 0.039 | 0.079 | 0.119 | 0.158 | 0.198 | 0.238 | 0.277 | 0.317 | 0.357 |
| 10 | 0.397 | 0.437 | 0.477 | 0.517 | 0.557 | 0.597 | 0.637 | 0.677 | 0.718 | 0.758 |
| 20 | 0.798 | 0.838 | 0.879 | 0.919 | 0.96 | 1 | 1.041 | 1.081 | 1.122 | 1.163 |
| 30 | 1.203 | 1.244 | 1.285 | 1.326 | 1.366 | 1.407 | 1.448 | 1.489 | 1.53 | 1.571 |
| 40 | 1.612 | 1.653 | 1.694 | 1.735 | 1.776 | 1.817 | 1.858 | 1.899 | 1.941 | 1.982 |
| 50 | 2.023 | 2.064 | 2.106 | 2.147 | 2.188 | 2.23 | 2.271 | 2.312 | 2.354 | 2.395 |
| 60 | 2.436 | 2.478 | 2.519 | 2.561 | 2.602 | 2.644 | 2.685 | 2.727 | 2.768 | 2.81 |
| 70 | 2.851 | 2.893 | 2.934 | 2.976 | 3.017 | 3.059 | 3.1 | 3.142 | 3.184 | 3.225 |
| 80 | 3.267 | 3.308 | 3.35 | 3.391 | 3.433 | 3.474 | 3.516 | 3.557 | 3.599 | 3.64 |
| 90 | 3.682 | 3.723 | 3.765 | 3.806 | 3.848 | 3.889 | 3.931 | 3.972 | 4.013 | 4.055 |
| 100 | 4.096 | 4.138 | 4.179 | 4.22 | 4.262 | 4.303 | 4.344 | 4.385 | 4.427 | 4.468 |
| 110 | 4.509 | 4.55 | 4.591 | 4.633 | 4.674 | 4.715 | 4.756 | 4.797 | 4.838 | 4.879 |
| 120 | 4.92 | 4.961 | 5.002 | 5.043 | 5.084 | 5.124 | 5.165 | 5.206 | 5.247 | 5.288 |
| 130 | 5.328 | 5.369 | 5.41 | 5.45 | 5.491 | 5.532 | 5.572 | 5.613 | 5.653 | 5.694 |
| 140 | 5.735 | 5.775 | 5.815 | 5.856 | 5.896 | 5.937 | 5.977 | 6.017 | 6.058 | 6.098 |
| 150 | 6.138 | 6.179 | 6.219 | 6.259 | 6.299 | 6.339 | 6.38 | 6.42 | 6.46 | 6.5 |
| 160 | 6.54 | 6.58 | 6.62 | 6.66 | 6.701 | 6.741 | 6.781 | 6.821 | 6.861 | 6.901 |
| 170 | 6.941 | 6.981 | 7.021 | 7.06 | 7.1 | 7.14 | 7.18 | 7.22 | 7.26 | 7.3 |
| 180 | 7.34 | 7.38 | 7.42 | 7.46 | 7.5 | 7.54 | 7.579 | 7.619 | 7.659 | 7.699 |
| 190 | 7.739 | 7.779 | 7.819 | 7.859 | 7.899 | 7.939 | 7.979 | 8.019 | 8.059 | 8.099 |
| 200 | 8.138 | 8.178 | 8.218 | 8.258 | 8.298 | 8.338 | 8.378 | 8.418 | 8.458 | 8.499 |
| 210 | 8.539 | 8.579 | 8.619 | 8.659 | 8.699 | 8.739 | 8.779 | 8.819 | 8.86 | 8.9 |
| 220 | 8.94 | 8.98 | 9.02 | 9.061 | 9.101 | 9.141 | 9.181 | 9.222 | 9.262 | 9.302 |
| 230 | 9.343 | 9.383 | 9.423 | 9.464 | 9.504 | 9.545 | 9.585 | 9.626 | 9.666 | 9.707 |
| 240 | 9.747 | 9.788 | 9.828 | 9.869 | 9.909 | 9.95 | 9.991 | 10.031 | 10.072 | 10.113 |
| 250 | 10.153 | 10.194 | 10.235 | 10.276 | 10.316 | 10.357 | 10.398 | 10.439 | 10.48 | 10.52 |
| 260 | 10.561 | 10.602 | 10.643 | 10.684 | 10.725 | 10.766 | 10.807 | 10.848 | 10.889 | 10.93 |
| 270 | 10.971 | 11.012 | 11.053 | 11.094 | 11.135 | 11.176 | 11.217 | 11.259 | 11.3 | 11.341 |
| 280 | 11.382 | 11.423 | 11.465 | 11.506 | 11.547 | 11.588 | 11.63 | 11.671 | 11.712 | 11.753 |
| 290 | 11.795 | 11.836 | 11.877 | 11.919 | 11.96 | 12.001 | 12.043 | 12.084 | 12.126 | 12.167 |

（续表）

| 温度/℃ | 0 | 1 | 2 | 3 | 4 | 5 | 6 | 7 | 8 | 9 |
|---|---|---|---|---|---|---|---|---|---|---|
| | 热电动势/mV（参考端为 0 ℃） | | | | | | | | | |
| 300 | 12.209 | 12.25 | 12.291 | 12.333 | 12.374 | 12.416 | 12.457 | 12.499 | 12.54 | 12.582 |
| 310 | 12.624 | 12.665 | 12.707 | 12.748 | 12.79 | 12.831 | 12.873 | 12.915 | 12.956 | 12.998 |
| 320 | 13.04 | 13.081 | 13.123 | 13.165 | 13.206 | 13.248 | 13.29 | 13.331 | 13.373 | 13.415 |
| 330 | 13.457 | 13.498 | 13.54 | 13.582 | 13.624 | 13.665 | 13.707 | 13.749 | 13.791 | 13.833 |
| 340 | 13.874 | 13.916 | 13.958 | 14 | 14.042 | 14.084 | 14.126 | 14.167 | 14.209 | 14.251 |
| 350 | 14.293 | 14.335 | 14.377 | 14.419 | 14.461 | 14.503 | 14.545 | 14.587 | 14.629 | 14.671 |
| 360 | 14.713 | 14.755 | 14.797 | 14.839 | 14.881 | 14.923 | 14.965 | 15.007 | 15.049 | 15.091 |
| 370 | 15.133 | 15.175 | 15.217 | 15.259 | 15.301 | 15.343 | 15.385 | 15.427 | 15.469 | 15.511 |
| 380 | 15.554 | 15.596 | 15.638 | 15.68 | 15.722 | 15.764 | 15.806 | 15.849 | 15.891 | 15.933 |
| 390 | 15.975 | 16.017 | 16.059 | 16.102 | 16.144 | 16.186 | 16.228 | 16.27 | 16.313 | 16.355 |
| 400 | 16.397 | 16.439 | 16.482 | 16.524 | 16.566 | 16.608 | 16.651 | 16.693 | 16.735 | 16.778 |
| 410 | 16.82 | 16.862 | 16.904 | 16.947 | 16.989 | 17.031 | 17.074 | 17.116 | 17.158 | 17.201 |
| 420 | 17.243 | 17.285 | 17.328 | 17.37 | 17.413 | 17.455 | 17.497 | 17.54 | 17.582 | 17.624 |
| 430 | 17.667 | 17.709 | 17.752 | 17.794 | 17.837 | 17.879 | 17.921 | 17.964 | 18.006 | 18.049 |
| 440 | 18.091 | 18.134 | 18.176 | 18.218 | 18.261 | 18.303 | 18.346 | 18.388 | 18.431 | 18.473 |
| 450 | 18.516 | 18.558 | 18.601 | 18.643 | 18.686 | 18.728 | 18.771 | 18.813 | 18.856 | 18.898 |
| 460 | 18.941 | 18.983 | 19.026 | 19.068 | 19.111 | 19.154 | 19.196 | 19.239 | 19.281 | 19.324 |
| 470 | 19.366 | 19.409 | 19.451 | 19.494 | 19.537 | 19.579 | 19.622 | 19.664 | 19.707 | 19.75 |
| 480 | 19.792 | 19.835 | 19.877 | 19.92 | 19.962 | 20.005 | 20.048 | 20.09 | 20.133 | 20.175 |
| 490 | 20.218 | 20.261 | 20.303 | 20.346 | 20.389 | 20.431 | 20.474 | 20.516 | 20.559 | 20.602 |
| 500 | 20.644 | 20.687 | 20.73 | 20.772 | 20.815 | 20.857 | 20.9 | 20.943 | 20.985 | 21.028 |
| 510 | 21.071 | 21.113 | 21.156 | 21.199 | 21.241 | 21.284 | 21.326 | 21.369 | 21.412 | 21.454 |
| 520 | 21.497 | 21.54 | 21.582 | 21.625 | 21.668 | 21.71 | 21.753 | 21.796 | 21.838 | 21.881 |
| 530 | 21.924 | 21.966 | 22.009 | 22.052 | 22.094 | 22.137 | 22.179 | 22.222 | 22.265 | 22.307 |
| 540 | 22.35 | 22.393 | 22.435 | 22.478 | 22.521 | 22.563 | 22.606 | 22.649 | 22.691 | 22.734 |
| 550 | 22.776 | 22.819 | 22.862 | 22.904 | 22.947 | 22.99 | 23.032 | 23.075 | 23.117 | 23.16 |
| 560 | 23.203 | 23.245 | 23.288 | 23.331 | 23.373 | 23.416 | 23.458 | 23.501 | 23.544 | 23.586 |
| 570 | 23.629 | 23.671 | 23.714 | 23.757 | 23.799 | 23.842 | 23.884 | 23.927 | 23.97 | 24.012 |
| 580 | 24.055 | 24.097 | 24.14 | 24.182 | 24.225 | 24.267 | 24.31 | 24.353 | 24.395 | 24.438 |
| 590 | 24.48 | 24.523 | 24.565 | 24.608 | 24.65 | 24.693 | 24.735 | 24.778 | 24.82 | 24.863 |

（续表）

| 温度 /℃ | 0 | 1 | 2 | 3 | 4 | 5 | 6 | 7 | 8 | 9 |
|---|---|---|---|---|---|---|---|---|---|---|
| | 热电动势/mV（参考端为 0 ℃） | | | | | | | | | |
| 600 | 24.905 | 24.948 | 24.99 | 25.033 | 25.075 | 25.118 | 25.16 | 25.203 | 25.245 | 25.288 |
| 610 | 25.33 | 25.373 | 25.415 | 25.458 | 25.5 | 25.543 | 25.585 | 25.627 | 25.67 | 25.712 |
| 620 | 25.755 | 25.797 | 25.84 | 25.882 | 25.924 | 25.967 | 26.009 | 26.052 | 26.094 | 26.136 |
| 630 | 26.179 | 26.221 | 26.263 | 26.306 | 26.348 | 26.39 | 26.433 | 26.475 | 26.517 | 26.56 |
| 640 | 26.602 | 26.644 | 26.687 | 26.729 | 26.771 | 26.814 | 26.856 | 26.898 | 26.94 | 26.983 |
| 650 | 27.025 | 27.067 | 27.109 | 27.152 | 27.194 | 27.236 | 27.278 | 27.32 | 27.363 | 27.405 |
| 660 | 27.447 | 27.489 | 27.531 | 27.574 | 27.616 | 27.658 | 27.7 | 27.742 | 27.784 | 27.826 |
| 670 | 27.869 | 27.911 | 27.953 | 27.995 | 28.037 | 28.079 | 28.121 | 28.163 | 28.205 | 28.247 |
| 680 | 28.289 | 28.332 | 28.374 | 28.416 | 28.458 | 28.5 | 28.542 | 28.584 | 28.626 | 28.668 |
| 690 | 28.71 | 28.752 | 28.794 | 28.835 | 28.877 | 28.919 | 28.961 | 29.003 | 29.045 | 29.087 |
| 700 | 29.129 | 29.171 | 29.213 | 29.255 | 29.297 | 29.338 | 29.38 | 29.422 | 29.464 | 29.506 |
| 710 | 29.548 | 29.589 | 29.631 | 29.673 | 29.715 | 29.757 | 29.798 | 29.84 | 29.882 | 29.924 |
| 720 | 29.965 | 30.007 | 30.049 | 30.09 | 30.132 | 30.174 | 30.216 | 30.257 | 30.299 | 30.341 |
| 730 | 30.382 | 30.424 | 30.466 | 30.507 | 30.549 | 30.59 | 30.632 | 30.674 | 30.715 | 30.757 |
| 740 | 30.798 | 30.84 | 30.881 | 30.923 | 30.964 | 31.006 | 31.047 | 31.089 | 31.13 | 31.172 |
| 750 | 31.213 | 31.255 | 31.296 | 31.338 | 31.379 | 31.421 | 31.462 | 31.504 | 31.545 | 31.586 |
| 760 | 31.628 | 31.669 | 31.71 | 31.752 | 31.793 | 31.834 | 31.876 | 31.917 | 31.958 | 32 |
| 770 | 32.041 | 32.082 | 32.124 | 32.165 | 32.206 | 32.247 | 32.289 | 32.33 | 32.371 | 32.412 |
| 780 | 32.453 | 32.495 | 32.536 | 32.577 | 32.618 | 32.659 | 32.7 | 32.742 | 32.783 | 32.824 |
| 790 | 32.865 | 32.906 | 32.947 | 32.988 | 33.029 | 33.07 | 33.111 | 33.152 | 33.193 | 33.234 |
| 800 | 33.275 | 33.316 | 33.357 | 33.398 | 33.439 | 33.48 | 33.521 | 33.562 | 33.603 | 33.644 |
| 810 | 33.685 | 33.726 | 33.767 | 33.808 | 33.848 | 33.889 | 33.93 | 33.971 | 34.012 | 34.053 |
| 820 | 34.093 | 34.134 | 34.175 | 34.216 | 34.257 | 34.297 | 34.338 | 34.379 | 34.42 | 34.46 |
| 830 | 34.501 | 34.542 | 34.582 | 34.623 | 34.664 | 34.704 | 34.745 | 34.786 | 34.826 | 34.867 |
| 840 | 34.908 | 34.948 | 34.989 | 35.029 | 35.07 | 35.11 | 35.151 | 35.192 | 35.232 | 35.273 |
| 850 | 35.313 | 35.354 | 35.394 | 35.435 | 35.475 | 35.516 | 35.556 | 35.596 | 35.637 | 35.677 |
| 860 | 35.718 | 35.758 | 35.798 | 35.839 | 35.879 | 35.92 | 35.96 | 36 | 36.041 | 36.081 |
| 870 | 36.121 | 36.162 | 36.202 | 36.242 | 36.282 | 36.323 | 36.363 | 36.403 | 36.443 | 36.484 |
| 880 | 36.524 | 36.564 | 36.604 | 36.644 | 36.685 | 36.725 | 36.765 | 36.805 | 36.845 | 36.885 |
| 890 | 36.925 | 36.965 | 37.006 | 37.046 | 37.086 | 37.126 | 37.166 | 37.206 | 37.246 | 37.286 |

（续表）

| 温度 | 0 | 1 | 2 | 3 | 4 | 5 | 6 | 7 | 8 | 9 |
|---|---|---|---|---|---|---|---|---|---|---|
| /℃ | 热电动势/mV（参考端为 0 ℃） | | | | | | | | | |
| 900 | 37.326 | 37.366 | 37.406 | 37.446 | 37.486 | 37.526 | 37.566 | 37.606 | 37.646 | 37.686 |
| 910 | 37.725 | 37.765 | 37.805 | 37.845 | 37.885 | 37.925 | 37.965 | 38.005 | 38.044 | 38.084 |
| 920 | 38.124 | 38.164 | 38.204 | 38.243 | 38.283 | 38.323 | 38.363 | 38.402 | 38.442 | 38.482 |
| 930 | 38.522 | 38.561 | 38.601 | 38.641 | 38.68 | 38.72 | 38.76 | 38.799 | 38.839 | 38.878 |
| 940 | 38.918 | 38.958 | 38.997 | 39.037 | 39.076 | 39.116 | 39.155 | 39.195 | 39.235 | 39.274 |
| 950 | 39.314 | 39.353 | 39.393 | 39.432 | 39.471 | 39.511 | 39.55 | 39.59 | 39.629 | 39.669 |
| 960 | 39.708 | 39.747 | 39.787 | 39.826 | 39.866 | 39.905 | 39.944 | 39.984 | 40.023 | 40.062 |
| 970 | 40.101 | 40.141 | 40.18 | 40.219 | 40.259 | 40.298 | 40.337 | 40.376 | 40.415 | 40.455 |
| 980 | 40.494 | 40.533 | 40.572 | 40.611 | 40.651 | 40.69 | 40.729 | 40.768 | 40.807 | 40.846 |
| 990 | 40.885 | 40.924 | 40.963 | 41.002 | 41.042 | 41.081 | 41.12 | 41.159 | 41.198 | 41.237 |
| 1000 | 41.276 | 41.315 | 41.354 | 41.393 | 41.431 | 41.47 | 41.509 | 41.548 | 41.587 | 41.626 |
| 1010 | 41.665 | 41.704 | 41.743 | 41.781 | 41.82 | 41.859 | 41.898 | 41.937 | 41.976 | 42.014 |
| 1020 | 42.053 | 42.092 | 42.131 | 42.169 | 42.208 | 42.247 | 42.286 | 42.324 | 42.363 | 42.402 |
| 1030 | 42.44 | 42.479 | 42.518 | 42.556 | 42.595 | 42.633 | 42.672 | 42.711 | 42.749 | 42.788 |
| 1040 | 42.826 | 42.865 | 42.903 | 42.942 | 42.98 | 43.019 | 43.057 | 43.096 | 43.134 | 43.173 |
| 1050 | 43.211 | 43.25 | 43.288 | 43.327 | 43.365 | 43.403 | 43.442 | 43.48 | 43.518 | 43.557 |
| 1060 | 43.595 | 43.633 | 43.672 | 43.71 | 43.748 | 43.787 | 43.825 | 43.863 | 43.901 | 43.94 |
| 1070 | 43.978 | 44.016 | 44.054 | 44.092 | 44.13 | 44.169 | 44.207 | 44.245 | 44.283 | 44.321 |
| 1080 | 44.359 | 44.397 | 44.435 | 44.473 | 44.512 | 44.55 | 44.588 | 44.626 | 44.664 | 44.702 |
| 1090 | 44.74 | 44.778 | 44.816 | 44.853 | 44.891 | 44.929 | 44.967 | 45.005 | 45.043 | 45.081 |
| 1100 | 45.119 | 45.157 | 45.194 | 45.232 | 45.27 | 45.308 | 45.346 | 45.383 | 45.421 | 45.459 |
| 1110 | 45.497 | 45.534 | 45.572 | 45.61 | 45.647 | 45.685 | 45.723 | 45.76 | 45.798 | 45.836 |
| 1120 | 45.873 | 45.911 | 45.948 | 45.986 | 46.024 | 46.061 | 46.099 | 46.136 | 46.174 | 46.211 |
| 1130 | 46.249 | 46.286 | 46.324 | 46.361 | 46.398 | 46.436 | 46.473 | 46.511 | 46.548 | 46.585 |
| 1140 | 46.623 | 46.66 | 46.697 | 46.735 | 46.772 | 46.809 | 46.847 | 46.884 | 46.921 | 46.958 |
| 1150 | 46.995 | 47.033 | 47.07 | 47.107 | 47.144 | 47.181 | 47.218 | 47.256 | 47.293 | 47.33 |
| 1160 | 47.367 | 47.404 | 47.441 | 47.478 | 47.515 | 47.552 | 47.589 | 47.626 | 47.663 | 47.7 |
| 1170 | 47.737 | 47.774 | 47.811 | 47.848 | 47.884 | 47.921 | 47.958 | 47.995 | 48.032 | 48.069 |
| 1180 | 48.105 | 48.142 | 48.179 | 48.216 | 48.252 | 48.289 | 48.326 | 48.363 | 48.399 | 48.436 |
| 1190 | 48.473 | 48.509 | 48.546 | 48.582 | 48.619 | 48.656 | 48.692 | 48.729 | 48.765 | 48.802 |

（续表）

| 温度 /℃ | 0 | 1 | 2 | 3 | 4 | 5 | 6 | 7 | 8 | 9 |
|---|---|---|---|---|---|---|---|---|---|---|
| | 热电动势/mV（参考端为 0 ℃） | | | | | | | | | |
| 1200 | 48.838 | 48.875 | 48.911 | 48.948 | 48.984 | 49.021 | 49.057 | 49.093 | 49.13 | 49.166 |
| 1210 | 49.202 | 49.239 | 49.275 | 49.311 | 49.348 | 49.384 | 49.42 | 49.456 | 49.493 | 49.529 |
| 1220 | 49.565 | 49.601 | 49.637 | 49.674 | 49.71 | 49.746 | 49.782 | 49.818 | 49.854 | 49.89 |
| 1230 | 49.926 | 49.962 | 49.998 | 50.034 | 50.07 | 50.106 | 50.142 | 50.178 | 50.214 | 50.25 |
| 1240 | 50.286 | 50.322 | 50.358 | 50.393 | 50.429 | 50.465 | 50.501 | 50.537 | 50.572 | 50.608 |
| 1250 | 50.644 | 50.68 | 50.715 | 50.751 | 50.787 | 50.822 | 50.858 | 50.894 | 50.929 | 50.965 |
| 1260 | 51 | 51.036 | 51.071 | 51.107 | 51.142 | 51.178 | 51.213 | 51.249 | 51.284 | 51.32 |
| 1270 | 51.355 | 51.391 | 51.426 | 51.461 | 51.497 | 51.532 | 51.567 | 51.603 | 51.638 | 51.673 |
| 1280 | 51.708 | 51.744 | 51.779 | 51.814 | 51.849 | 51.885 | 51.92 | 51.955 | 51.99 | 52.025 |
| 1290 | 52.06 | 52.095 | 52.13 | 52.165 | 52.2 | 52.235 | 52.27 | 52.305 | 52.34 | 52.375 |
| 1300 | 52.41 | 52.445 | 52.48 | 52.515 | 52.55 | 52.585 | 52.62 | 52.654 | 52.689 | 52.724 |
| 1310 | 52.759 | 52.794 | 52.828 | 52.863 | 52.898 | 52.932 | 52.967 | 53.002 | 53.037 | 53.071 |
| 1320 | 53.106 | 53.14 | 53.175 | 53.21 | 53.244 | 53.279 | 53.313 | 53.348 | 53.382 | 53.417 |
| 1330 | 53.451 | 53.486 | 53.52 | 53.555 | 53.589 | 53.623 | 53.658 | 53.692 | 53.727 | 53.761 |
| 1340 | 53.795 | 53.83 | 53.864 | 53.898 | 53.932 | 53.967 | 54.001 | 54.035 | 54.069 | 54.104 |
| 1350 | 54.138 | 54.172 | 54.206 | 54.24 | 54.274 | 54.308 | 54.343 | 54.377 | 54.411 | 54.445 |
| 1360 | 54.479 | 54.513 | 54.547 | 54.581 | 54.615 | 54.649 | 54.683 | 54.717 | 54.751 | 54.785 |
| 1370 | 54.819 | 54.852 | 54.886 | — | — | — | — | — | — | — |

## 镍铬-铜镍（康铜）热电偶（E 型）分度表（ITS-90）

| 温度/℃ | 0 | −1 | −2 | −3 | −4 | −5 | −6 | −7 | −8 | −9 |
|---|---|---|---|---|---|---|---|---|---|---|
| | 热电动势/mV（参考端为 0 ℃） | | | | | | | | | |
| −270 | −9.835 | — | — | — | — | — | — | — | — | — |
| −260 | −9.797 | −9.802 | −9.808 | −9.813 | −9.817 | −9.821 | −9.825 | −9.828 | −9.831 | −9.833 |
| −250 | −9.718 | −9.728 | −9.737 | −9.746 | −9.754 | −9.762 | −9.77 | −9.777 | −9.784 | −9.79 |
| −240 | −9.604 | −9.617 | −9.63 | −9.642 | −9.654 | −9.666 | −9.677 | −9.688 | −9.698 | −9.709 |
| −230 | −9.455 | −9.471 | −9.487 | −9.503 | −9.519 | −9.534 | −9.548 | −9.563 | −9.577 | −9.591 |
| −220 | −9.274 | −9.293 | −9.313 | −9.331 | −9.35 | −9.368 | −9.386 | −9.404 | −9.421 | −9.438 |
| −210 | −9.063 | −9.085 | −9.107 | −9.129 | −9.151 | −9.172 | −9.193 | −9.214 | −9.234 | −9.254 |
| −200 | −8.825 | −8.85 | −8.874 | −8.899 | −8.923 | −8.947 | −8.971 | −8.994 | −9.017 | −9.04 |
| −190 | −8.561 | −8.588 | −8.616 | −8.643 | −8.669 | −8.696 | −8.722 | −8.748 | −8.774 | −8.799 |
| −180 | −8.273 | −8.303 | −8.333 | −8.362 | −8.391 | −8.42 | −8.449 | −8.477 | −8.505 | −8.533 |
| −170 | −7.963 | −7.995 | −8.027 | −8.059 | −8.09 | −8.121 | −8.152 | −8.183 | −8.213 | −8.243 |
| −160 | −7.632 | −7.666 | −7.7 | −7.733 | −7.767 | −7.8 | −7.833 | −7.866 | −7.899 | −7.931 |
| −150 | −7.279 | −7.315 | −7.351 | −7.387 | −7.423 | −7.458 | −7.493 | −7.528 | −7.563 | −7.597 |
| −140 | −6.907 | −6.945 | −6.983 | −7.021 | −7.058 | −7.096 | −7.133 | −7.17 | −7.206 | −7.243 |
| −130 | −6.516 | −6.556 | −6.596 | −6.636 | −6.675 | −6.714 | −6.753 | −6.792 | −6.831 | −6.869 |
| −120 | −6.107 | −6.149 | −6.191 | −6.232 | −6.273 | −6.314 | −6.355 | −6.396 | −6.436 | −6.476 |
| −110 | −5.681 | −5.724 | −5.767 | −5.81 | −5.853 | −5.896 | −5.939 | −5.981 | −6.023 | −6.065 |
| −100 | −5.237 | −5.282 | −5.327 | −5.372 | −5.417 | −5.461 | −5.505 | −5.549 | −5.593 | −5.637 |
| −90 | −4.777 | −4.824 | −4.871 | −4.917 | −4.963 | −5.009 | −5.055 | −5.101 | −5.147 | −5.192 |
| −80 | −4.302 | −4.35 | −4.398 | −4.446 | −4.494 | −4.542 | −4.589 | −4.636 | −4.684 | −4.731 |
| −70 | −3.811 | −3.861 | −3.911 | −3.96 | −4.009 | −4.058 | −4.107 | −4.156 | −4.205 | −4.254 |
| −60 | −3.306 | −3.357 | −3.408 | −3.459 | −3.51 | −3.561 | −3.611 | −3.661 | −3.711 | −3.761 |
| −50 | −2.787 | −2.84 | −2.892 | −2.944 | −2.996 | −3.048 | −3.1 | −3.152 | −3.204 | −3.255 |
| −40 | −2.255 | −2.309 | −2.362 | −2.416 | −2.469 | −2.523 | −2.576 | −2.629 | −2.682 | −2.735 |
| −30 | −1.709 | −1.765 | −1.82 | −1.874 | −1.929 | −1.984 | −2.038 | −2.093 | −2.147 | −2.201 |
| −20 | −1.152 | −1.208 | −1.264 | −1.32 | −1.376 | −1.432 | −1.488 | −1.543 | −1.599 | −1.654 |
| −10 | −0.582 | −0.639 | −0.697 | −0.754 | −0.811 | −0.868 | −0.925 | −0.982 | −1.039 | −1.095 |
| 0 | 0 | −0.059 | −0.117 | −0.176 | −0.234 | −0.292 | −0.35 | −0.408 | −0.466 | −0.524 |

（续表）

| 温度/℃ | 0 | 1 | 2 | 3 | 4 | 5 | 6 | 7 | 8 | 9 |
|---|---|---|---|---|---|---|---|---|---|---|
| | 热电动势/mV（参考端为 0 ℃） | | | | | | | | | |
| 0 | 0 | 0.059 | 0.118 | 0.176 | 0.235 | 0.294 | 0.354 | 0.413 | 0.472 | 0.532 |
| 10 | 0.591 | 0.651 | 0.711 | 0.77 | 0.83 | 0.89 | 0.95 | 1.01 | 1.071 | 1.131 |
| 20 | 1.192 | 1.252 | 1.313 | 1.373 | 1.434 | 1.495 | 1.556 | 1.617 | 1.678 | 1.74 |
| 30 | 1.801 | 1.862 | 1.924 | 1.986 | 2.047 | 2.109 | 2.171 | 2.233 | 2.295 | 2.357 |
| 40 | 2.42 | 2.482 | 2.545 | 2.607 | 2.67 | 2.733 | 2.795 | 2.858 | 2.921 | 2.984 |
| 50 | 3.048 | 3.111 | 3.174 | 3.238 | 3.301 | 3.365 | 3.429 | 3.492 | 3.556 | 3.62 |
| 60 | 3.685 | 3.749 | 3.813 | 3.877 | 3.942 | 4.006 | 4.071 | 4.136 | 4.2 | 4.265 |
| 70 | 4.33 | 4.395 | 4.46 | 4.526 | 4.591 | 4.656 | 4.722 | 4.788 | 4.853 | 4.919 |
| 80 | 4.985 | 5.051 | 5.117 | 5.183 | 5.249 | 5.315 | 5.382 | 5.448 | 5.514 | 5.581 |
| 90 | 5.648 | 5.714 | 5.781 | 5.848 | 5.915 | 5.982 | 6.049 | 6.117 | 6.184 | 6.251 |
| 100 | 6.319 | 6.386 | 6.454 | 6.522 | 6.59 | 6.658 | 6.725 | 6.794 | 6.862 | 6.93 |
| 110 | 6.998 | 7.066 | 7.135 | 7.203 | 7.272 | 7.341 | 7.409 | 7.478 | 7.547 | 7.616 |
| 120 | 7.685 | 7.754 | 7.823 | 7.892 | 7.962 | 8.031 | 8.101 | 8.17 | 8.24 | 8.309 |
| 130 | 8.379 | 8.449 | 8.519 | 8.589 | 8.659 | 8.729 | 8.799 | 8.869 | 8.94 | 9.01 |
| 140 | 9.081 | 9.151 | 9.222 | 9.292 | 9.363 | 9.434 | 9.505 | 9.576 | 9.647 | 9.718 |
| 150 | 9.789 | 9.86 | 9.931 | 10.003 | 10.074 | 10.145 | 10.217 | 10.288 | 10.36 | 10.432 |
| 160 | 10.503 | 10.575 | 10.647 | 10.719 | 10.791 | 10.863 | 10.935 | 11.007 | 11.08 | 11.152 |
| 170 | 11.224 | 11.297 | 11.369 | 11.442 | 11.514 | 11.587 | 11.66 | 11.733 | 11.805 | 11.878 |
| 180 | 11.951 | 12.024 | 12.097 | 12.17 | 12.243 | 12.317 | 12.39 | 12.463 | 12.537 | 12.61 |
| 190 | 12.684 | 12.757 | 12.831 | 12.904 | 12.978 | 13.052 | 13.126 | 13.199 | 13.273 | 13.347 |
| 200 | 13.421 | 13.495 | 13.569 | 13.644 | 13.718 | 13.792 | 13.866 | 13.941 | 14.015 | 14.09 |
| 210 | 14.164 | 14.239 | 14.313 | 14.388 | 14.463 | 14.537 | 14.612 | 14.687 | 14.762 | 14.837 |
| 220 | 14.912 | 14.987 | 15.062 | 15.137 | 15.212 | 15.287 | 15.362 | 15.438 | 15.513 | 15.588 |
| 230 | 15.664 | 15.739 | 15.815 | 15.89 | 15.966 | 16.041 | 16.117 | 16.193 | 16.269 | 16.344 |
| 240 | 16.42 | 16.496 | 16.572 | 16.648 | 16.724 | 16.8 | 16.876 | 16.952 | 17.028 | 17.104 |
| 250 | 17.181 | 17.257 | 17.333 | 17.409 | 17.486 | 17.562 | 17.639 | 17.715 | 17.792 | 17.868 |
| 260 | 17.945 | 18.021 | 18.098 | 18.175 | 18.252 | 18.328 | 18.405 | 18.482 | 18.559 | 18.636 |
| 270 | 18.713 | 18.79 | 18.867 | 18.944 | 19.021 | 19.098 | 19.175 | 19.252 | 19.33 | 19.407 |
| 280 | 19.484 | 19.561 | 19.639 | 19.716 | 19.794 | 19.871 | 19.948 | 20.026 | 20.103 | 20.181 |
| 290 | 20.259 | 20.336 | 20.414 | 20.492 | 20.569 | 20.647 | 20.725 | 20.803 | 20.88 | 20.958 |

（续表）

| 温度/℃ | 0 | 1 | 2 | 3 | 4 | 5 | 6 | 7 | 8 | 9 |
|---|---|---|---|---|---|---|---|---|---|---|
| | 热电动势/mV（参考端为 0 ℃） | | | | | | | | | |
| 300 | 21.036 | 21.114 | 21.192 | 21.27 | 21.348 | 21.426 | 21.504 | 21.582 | 21.66 | 21.739 |
| 310 | 21.817 | 21.895 | 21.973 | 22.051 | 22.13 | 22.208 | 22.286 | 22.365 | 22.443 | 22.522 |
| 320 | 22.6 | 22.678 | 22.757 | 22.835 | 22.914 | 22.993 | 23.071 | 23.15 | 23.228 | 23.307 |
| 330 | 23.386 | 23.464 | 23.543 | 23.622 | 23.701 | 23.78 | 23.858 | 23.937 | 24.016 | 24.095 |
| 340 | 24.174 | 24.253 | 24.332 | 24.411 | 24.49 | 24.569 | 24.648 | 24.727 | 24.806 | 24.885 |
| 350 | 24.964 | 25.044 | 25.123 | 25.202 | 25.281 | 25.36 | 25.44 | 25.519 | 25.598 | 25.678 |
| 360 | 25.757 | 25.836 | 25.916 | 25.995 | 26.075 | 26.154 | 26.233 | 26.313 | 26.392 | 26.472 |
| 370 | 26.552 | 26.631 | 26.711 | 26.79 | 26.87 | 26.95 | 27.029 | 27.109 | 27.189 | 27.268 |
| 380 | 27.348 | 27.428 | 27.507 | 27.587 | 27.667 | 27.747 | 27.827 | 27.907 | 27.986 | 28.066 |
| 390 | 28.146 | 28.226 | 28.306 | 28.386 | 28.466 | 28.546 | 28.626 | 28.706 | 28.786 | 28.866 |
| 400 | 28.946 | 29.026 | 29.106 | 29.186 | 29.266 | 29.346 | 29.427 | 29.507 | 29.587 | 29.667 |
| 410 | 29.747 | 29.827 | 29.908 | 29.988 | 30.068 | 30.148 | 30.229 | 30.309 | 30.389 | 30.47 |
| 420 | 30.55 | 30.63 | 30.711 | 30.791 | 30.871 | 30.952 | 31.032 | 31.112 | 31.193 | 31.273 |
| 430 | 31.354 | 31.434 | 31.515 | 31.595 | 31.676 | 31.756 | 31.837 | 31.917 | 31.998 | 32.078 |
| 440 | 32.159 | 32.239 | 32.32 | 32.4 | 32.481 | 32.562 | 32.642 | 32.723 | 32.803 | 32.884 |
| 450 | 32.965 | 33.045 | 33.126 | 33.207 | 33.287 | 33.368 | 33.449 | 33.529 | 33.61 | 33.691 |
| 460 | 33.772 | 33.852 | 33.933 | 34.014 | 34.095 | 34.175 | 34.256 | 34.337 | 34.418 | 34.498 |
| 470 | 34.579 | 34.66 | 34.741 | 34.822 | 34.902 | 34.983 | 35.064 | 35.145 | 35.226 | 35.307 |
| 480 | 35.387 | 35.468 | 35.549 | 35.63 | 35.711 | 35.792 | 35.873 | 35.954 | 36.034 | 36.115 |
| 490 | 36.196 | 36.277 | 36.358 | 36.439 | 36.52 | 36.601 | 36.682 | 36.763 | 36.843 | 36.924 |
| 500 | 37.005 | 37.086 | 37.167 | 37.248 | 37.329 | 37.41 | 37.491 | 37.572 | 37.653 | 37.734 |
| 510 | 37.815 | 37.896 | 37.977 | 38.058 | 38.139 | 38.22 | 38.3 | 38.381 | 38.462 | 38.543 |
| 520 | 38.624 | 38.705 | 38.786 | 38.867 | 38.948 | 39.029 | 39.11 | 39.191 | 39.272 | 39.353 |
| 530 | 39.434 | 39.515 | 39.596 | 39.677 | 39.758 | 39.839 | 39.92 | 40.001 | 40.082 | 40.163 |
| 540 | 40.243 | 40.324 | 40.405 | 40.486 | 40.567 | 40.648 | 40.729 | 40.81 | 40.891 | 40.972 |
| 550 | 41.053 | 41.134 | 41.215 | 41.296 | 41.377 | 41.457 | 41.538 | 41.619 | 41.7 | 41.781 |
| 560 | 41.862 | 41.943 | 42.024 | 42.105 | 42.185 | 42.266 | 42.347 | 42.428 | 42.509 | 42.59 |
| 570 | 42.671 | 42.751 | 42.832 | 42.913 | 42.994 | 43.075 | 43.156 | 43.236 | 43.317 | 43.398 |
| 580 | 43.479 | 43.56 | 43.64 | 43.721 | 43.802 | 43.883 | 43.963 | 44.044 | 44.125 | 44.206 |
| 590 | 44.286 | 44.367 | 44.448 | 44.529 | 44.609 | 44.69 | 44.771 | 44.851 | 44.932 | 45.013 |

（续表）

| 温度 | 0 | 1 | 2 | 3 | 4 | 5 | 6 | 7 | 8 | 9 |
|---|---|---|---|---|---|---|---|---|---|---|
| /℃ | 热电动势/mV（参考端为 0 ℃） | | | | | | | | | |
| 600 | 45.093 | 45.174 | 45.255 | 45.335 | 45.416 | 45.497 | 45.577 | 45.658 | 45.738 | 45.819 |
| 610 | 45.9 | 45.98 | 46.061 | 46.141 | 46.222 | 46.302 | 46.383 | 46.463 | 46.544 | 46.624 |
| 620 | 46.705 | 46.785 | 46.866 | 46.946 | 47.027 | 47.107 | 47.188 | 47.268 | 47.349 | 47.429 |
| 630 | 47.509 | 47.59 | 47.67 | 47.751 | 47.831 | 47.911 | 47.992 | 48.072 | 48.152 | 48.233 |
| 640 | 48.313 | 48.393 | 48.474 | 48.554 | 48.634 | 48.715 | 48.795 | 48.875 | 48.955 | 49.035 |
| 650 | 49.116 | 49.196 | 49.276 | 49.356 | 49.436 | 49.517 | 49.597 | 49.677 | 49.757 | 49.837 |
| 660 | 49.917 | 49.997 | 50.077 | 50.157 | 50.238 | 50.318 | 50.398 | 50.478 | 50.558 | 50.638 |
| 670 | 50.718 | 50.798 | 50.878 | 50.958 | 51.038 | 51.118 | 51.197 | 51.277 | 51.357 | 51.437 |
| 680 | 51.517 | 51.597 | 51.677 | 51.757 | 51.837 | 51.916 | 51.996 | 52.076 | 52.156 | 52.236 |
| 690 | 52.315 | 52.395 | 52.475 | 52.555 | 52.634 | 52.714 | 52.794 | 52.873 | 52.953 | 53.033 |
| 700 | 53.112 | 53.192 | 53.272 | 53.351 | 53.431 | 53.51 | 53.59 | 53.67 | 53.749 | 53.829 |
| 710 | 53.908 | 53.988 | 54.067 | 54.147 | 54.226 | 54.306 | 54.385 | 54.465 | 54.544 | 54.624 |
| 720 | 54.703 | 54.782 | 54.862 | 54.941 | 55.021 | 55.1 | 55.179 | 55.259 | 55.338 | 55.417 |
| 730 | 55.497 | 55.576 | 55.655 | 55.734 | 55.814 | 55.893 | 55.972 | 56.051 | 56.131 | 56.21 |
| 740 | 56.289 | 56.368 | 56.447 | 56.526 | 56.606 | 56.685 | 56.764 | 56.843 | 56.922 | 57.001 |
| 750 | 57.08 | 57.159 | 57.238 | 57.317 | 57.396 | 57.475 | 57.554 | 57.633 | 57.712 | 57.791 |
| 760 | 57.87 | 57.949 | 58.028 | 58.107 | 58.186 | 58.265 | 58.343 | 58.422 | 58.501 | 58.58 |
| 770 | 58.659 | 58.738 | 58.816 | 58.895 | 58.974 | 59.053 | 59.131 | 59.21 | 59.289 | 59.367 |
| 780 | 59.446 | 59.525 | 59.604 | 59.682 | 59.761 | 59.839 | 59.918 | 59.997 | 60.075 | 60.154 |
| 790 | 60.232 | 60.311 | 60.39 | 60.468 | 60.547 | 60.625 | 60.704 | 60.782 | 60.86 | 60.939 |
| 800 | 61.017 | 61.096 | 61.174 | 61.253 | 61.331 | 61.409 | 61.488 | 61.566 | 61.644 | 61.723 |
| 810 | 61.801 | 61.879 | 61.958 | 62.036 | 62.114 | 62.192 | 62.271 | 62.349 | 62.427 | 62.505 |
| 820 | 62.583 | 62.662 | 62.74 | 62.818 | 62.896 | 62.974 | 63.052 | 63.13 | 63.208 | 63.286 |
| 830 | 63.364 | 63.442 | 63.52 | 63.598 | 63.676 | 63.754 | 63.832 | 63.91 | 63.988 | 64.066 |
| 840 | 64.144 | 64.222 | 64.3 | 64.377 | 64.455 | 64.533 | 64.611 | 64.689 | 64.766 | 64.844 |
| 850 | 64.922 | 65 | 65.077 | 65.155 | 65.233 | 65.31 | 65.388 | 65.465 | 65.543 | 65.621 |
| 860 | 65.698 | 65.776 | 65.853 | 65.931 | 66.008 | 66.086 | 66.163 | 66.241 | 66.318 | 66.396 |
| 870 | 66.473 | 66.55 | 66.628 | 66.705 | 66.782 | 66.86 | 66.937 | 67.014 | 67.092 | 67.169 |
| 880 | 67.246 | 67.323 | 67.4 | 67.478 | 67.555 | 67.632 | 67.709 | 67.786 | 67.863 | 67.94 |
| 890 | 68.017 | 68.094 | 68.171 | 68.248 | 68.325 | 68.402 | 68.479 | 68.556 | 68.633 | 68.71 |

（续表）

| 温度/℃ | 0 | 1 | 2 | 3 | 4 | 5 | 6 | 7 | 8 | 9 |
|---|---|---|---|---|---|---|---|---|---|---|
| | 热电动势/mV（参考端为 0 ℃） | | | | | | | | | |
| 900 | 68.787 | 68.863 | 68.94 | 69.017 | 69.094 | 69.171 | 69.247 | 69.324 | 69.401 | 69.477 |
| 910 | 69.554 | 69.631 | 69.707 | 69.784 | 69.86 | 69.937 | 70.013 | 70.09 | 70.166 | 70.243 |
| 920 | 70.319 | 70.396 | 70.472 | 70.548 | 70.625 | 70.701 | 70.777 | 70.854 | 70.93 | 71.006 |
| 930 | 71.082 | 71.159 | 71.235 | 71.311 | 71.387 | 71.463 | 71.539 | 71.615 | 71.692 | 71.768 |
| 940 | 71.844 | 71.92 | 71.996 | 72.072 | 72.147 | 72.223 | 72.299 | 72.375 | 72.451 | 72.527 |
| 950 | 72.603 | 72.678 | 72.754 | 72.83 | 72.906 | 72.981 | 73.057 | 73.133 | 73.208 | 73.284 |
| 960 | 73.36 | 73.435 | 73.511 | 73.586 | 73.662 | 73.738 | 73.813 | 73.889 | 73.964 | 74.04 |
| 970 | 74.115 | 74.19 | 74.266 | 74.341 | 74.417 | 74.492 | 74.567 | 74.643 | 74.718 | 74.793 |
| 980 | 74.869 | 74.944 | 75.019 | 75.095 | 75.17 | 75.245 | 75.32 | 75.395 | 75.471 | 75.546 |
| 990 | 75.621 | 75.696 | 75.771 | 75.847 | 75.922 | 75.997 | 76.072 | 76.147 | 76.223 | 76.298 |
| 1000 | 76.373 | — | — | — | — | — | — | — | — | — |

## 铁-铜镍（康铜）热电偶（J 型）分度表（ITS-90）

| 温度 | 0 | −1 | −2 | −3 | −4 | −5 | −6 | −7 | −8 | −9 |
|---|---|---|---|---|---|---|---|---|---|---|
| /℃ | 热电动势/mV（参考端为 0 ℃） | | | | | | | | | |
| −210 | −8.095 | — | — | — | — | — | — | — | — | — |
| −200 | −7.89 | −7.912 | −7.934 | −7.955 | −7.976 | −7.996 | −8.017 | −8.037 | −8.057 | −8.076 |
| −190 | −7.659 | −7.683 | −7.707 | −7.731 | −7.755 | −7.778 | −7.801 | −7.824 | −7.846 | −7.868 |
| −180 | −7.403 | −7.429 | −7.456 | −7.482 | −7.508 | −7.534 | −7.559 | −7.585 | −7.61 | −7.634 |
| −170 | −7.123 | −7.152 | −7.181 | −7.209 | −7.237 | −7.265 | −7.293 | −7.321 | −7.348 | −7.376 |
| −160 | −6.821 | −6.853 | −6.883 | −6.914 | −6.944 | −6.975 | −7.005 | −7.035 | −7.064 | −7.094 |
| −150 | −6.5 | −6.533 | −6.566 | −6.598 | −6.631 | −6.663 | −6.695 | −6.727 | −6.759 | −6.79 |
| −140 | −6.159 | −6.194 | −6.229 | −6.263 | −6.298 | −6.332 | −6.366 | −6.4 | −6.433 | −6.467 |
| −130 | −5.801 | −5.838 | −5.874 | −5.91 | −5.946 | −5.982 | −6.018 | −6.054 | −6.089 | −6.124 |
| −120 | −5.426 | −5.465 | −5.503 | −5.541 | −5.578 | −5.616 | −5.653 | −5.69 | −5.727 | −5.764 |
| −110 | −5.037 | −5.076 | −5.116 | −5.155 | −5.194 | −5.233 | −5.272 | −5.311 | −5.35 | −5.388 |
| −100 | −4.633 | −4.674 | −4.714 | −4.755 | −4.796 | −4.836 | −4.877 | −4.917 | −4.957 | −4.997 |
| −90 | −4.215 | −4.257 | −4.3 | −4.342 | −4.384 | −4.425 | −4.467 | −4.509 | −4.55 | −4.591 |
| −80 | −3.786 | −3.829 | −3.872 | −3.916 | −3.959 | −4.002 | −4.045 | −4.088 | −4.13 | −4.173 |
| −70 | −3.344 | −3.389 | −3.434 | −3.478 | −3.522 | −3.566 | −3.61 | −3.654 | −3.698 | −3.742 |
| −60 | −2.893 | −2.938 | −2.984 | −3.029 | −3.075 | −3.12 | −3.165 | −3.21 | −3.255 | −3.3 |
| −50 | −2.431 | −2.478 | −2.524 | −2.571 | −2.617 | −2.663 | −2.709 | −2.755 | −2.801 | −2.847 |
| −40 | −1.961 | −2.008 | −2.055 | −2.103 | −2.15 | −2.197 | −2.244 | −2.291 | −2.338 | −2.385 |
| −30 | −1.482 | −1.53 | −1.578 | −1.626 | −1.674 | −1.722 | −1.77 | −1.818 | −1.865 | −1.913 |
| −20 | −0.995 | −1.044 | −1.093 | −1.142 | −1.19 | −1.239 | −1.288 | −1.336 | −1.385 | −1.433 |
| −10 | −0.501 | −0.55 | −0.6 | −0.65 | −0.699 | −0.749 | −0.798 | −0.847 | −0.896 | −0.946 |
| 0 | 0 | −0.05 | −0.101 | −0.151 | −0.201 | −0.251 | −0.301 | −0.351 | −0.401 | −0.451 |
| 0 | 0 | 0.05 | 0.101 | 0.151 | 0.202 | 0.253 | 0.303 | 0.354 | 0.405 | 0.456 |
| 10 | 0.507 | 0.558 | 0.609 | 0.66 | 0.711 | 0.762 | 0.814 | 0.865 | 0.916 | 0.968 |
| 20 | 1.019 | 1.071 | 1.122 | 1.174 | 1.226 | 1.277 | 1.329 | 1.381 | 1.433 | 1.485 |
| 30 | 1.537 | 1.589 | 1.641 | 1.693 | 1.745 | 1.797 | 1.849 | 1.902 | 1.954 | 2.006 |
| 40 | 2.059 | 2.111 | 2.164 | 2.216 | 2.269 | 2.322 | 2.374 | 2.427 | 2.48 | 2.532 |
| 50 | 2.585 | 2.638 | 2.691 | 2.744 | 2.797 | 2.85 | 2.903 | 2.956 | 3.009 | 3.062 |
| 60 | 3.116 | 3.169 | 3.222 | 3.275 | 3.329 | 3.382 | 3.436 | 3.489 | 3.543 | 3.596 |

（续表）

| 温度/℃ | 0 | -1 | -2 | -3 | -4 | -5 | -6 | -7 | -8 | -9 |
|---|---|---|---|---|---|---|---|---|---|---|
| | 热电动势/mV（参考端为 0 ℃） | | | | | | | | | |
| 70 | 3.65 | 3.703 | 3.757 | 3.81 | 3.864 | 3.918 | 3.971 | 4.025 | 4.079 | 4.133 |
| 80 | 4.187 | 4.24 | 4.294 | 4.348 | 4.402 | 4.456 | 4.51 | 4.564 | 4.618 | 4.672 |
| 90 | 4.726 | 4.781 | 4.835 | 4.889 | 4.943 | 4.997 | 5.052 | 5.106 | 5.16 | 5.215 |
| 100 | 5.269 | 5.323 | 5.378 | 5.432 | 5.487 | 5.541 | 5.595 | 5.65 | 5.705 | 5.759 |
| 110 | 5.814 | 5.868 | 5.923 | 5.977 | 6.032 | 6.087 | 6.141 | 6.196 | 6.251 | 6.306 |
| 120 | 6.36 | 6.415 | 6.47 | 6.525 | 6.579 | 6.634 | 6.689 | 6.744 | 6.799 | 6.854 |
| 130 | 6.909 | 6.964 | 7.019 | 7.074 | 7.129 | 7.184 | 7.239 | 7.294 | 7.349 | 7.404 |
| 140 | 7.459 | 7.514 | 7.569 | 7.624 | 7.679 | 7.734 | 7.789 | 7.844 | 7.9 | 7.955 |
| 150 | 8.01 | 8.065 | 8.12 | 8.175 | 8.231 | 8.286 | 8.341 | 8.396 | 8.452 | 8.507 |
| 160 | 8.562 | 8.618 | 8.673 | 8.728 | 8.783 | 8.839 | 8.894 | 8.949 | 9.005 | 9.06 |
| 170 | 9.115 | 9.171 | 9.226 | 9.282 | 9.337 | 9.392 | 9.448 | 9.503 | 9.559 | 9.614 |
| 180 | 9.669 | 9.725 | 9.78 | 9.836 | 9.891 | 9.947 | 10.002 | 10.057 | 10.113 | 10.168 |
| 190 | 10.224 | 10.279 | 10.335 | 10.39 | 10.446 | 10.501 | 10.557 | 10.612 | 10.668 | 10.723 |
| 200 | 10.779 | 10.834 | 10.89 | 10.945 | 11.001 | 11.056 | 11.112 | 11.167 | 11.223 | 11.278 |
| 210 | 11.334 | 11.389 | 11.445 | 11.501 | 11.556 | 11.612 | 11.667 | 11.723 | 11.778 | 11.834 |
| 220 | 11.889 | 11.945 | 12 | 12.056 | 12.111 | 12.167 | 12.222 | 12.278 | 12.334 | 12.389 |
| 230 | 12.445 | 12.5 | 12.556 | 12.611 | 12.667 | 12.722 | 12.778 | 12.833 | 12.889 | 12.944 |
| 240 | 13 | 13.056 | 13.111 | 13.167 | 13.222 | 13.278 | 13.333 | 13.389 | 13.444 | 13.5 |
| 250 | 13.555 | 13.611 | 13.666 | 13.722 | 13.777 | 13.833 | 13.888 | 13.944 | 13.999 | 14.055 |
| 260 | 14.11 | 14.166 | 14.221 | 14.277 | 14.332 | 14.388 | 14.443 | 14.499 | 14.554 | 14.609 |
| 270 | 14.665 | 14.72 | 14.776 | 14.831 | 14.887 | 14.942 | 14.998 | 15.053 | 15.109 | 15.164 |
| 280 | 15.219 | 15.275 | 15.33 | 15.386 | 15.441 | 15.496 | 15.552 | 15.607 | 15.663 | 15.718 |
| 290 | 15.773 | 15.829 | 15.884 | 15.94 | 15.995 | 16.05 | 16.106 | 16.161 | 16.216 | 16.272 |
| 300 | 16.327 | 16.383 | 16.438 | 16.493 | 16.549 | 16.604 | 16.659 | 16.715 | 16.77 | 16.825 |
| 310 | 16.881 | 16.936 | 16.991 | 17.046 | 17.102 | 17.157 | 17.212 | 17.268 | 17.323 | 17.378 |
| 320 | 17.434 | 17.489 | 17.544 | 17.599 | 17.655 | 17.71 | 17.765 | 17.82 | 17.876 | 17.931 |
| 330 | 17.986 | 18.041 | 18.097 | 18.152 | 18.207 | 18.262 | 18.318 | 18.373 | 18.428 | 18.483 |
| 340 | 18.538 | 18.594 | 18.649 | 18.704 | 18.759 | 18.814 | 18.87 | 18.925 | 18.98 | 19.035 |
| 350 | 19.09 | 19.146 | 19.201 | 19.256 | 19.311 | 19.366 | 19.422 | 19.477 | 19.532 | 19.587 |

（续表）

| 温度/℃ | 0 | −1 | −2 | −3 | −4 | −5 | −6 | −7 | −8 | −9 |
|---|---|---|---|---|---|---|---|---|---|---|
| | 热电动势/mV（参考端为 0 ℃） | | | | | | | | | |
| 360 | 19.642 | 19.697 | 19.753 | 19.808 | 19.863 | 19.918 | 19.973 | 20.028 | 20.083 | 20.139 |
| 370 | 20.194 | 20.249 | 20.304 | 20.359 | 20.414 | 20.469 | 20.525 | 20.58 | 20.635 | 20.69 |
| 380 | 20.745 | 20.8 | 20.855 | 20.911 | 20.966 | 21.021 | 21.076 | 21.131 | 21.186 | 21.241 |
| 390 | 21.297 | 21.352 | 21.407 | 21.462 | 21.517 | 21.572 | 21.627 | 21.683 | 21.738 | 21.793 |
| 400 | 21.848 | 21.903 | 21.958 | 22.014 | 22.069 | 22.124 | 22.179 | 22.234 | 22.289 | 22.345 |
| 410 | 22.4 | 22.455 | 22.51 | 22.565 | 22.62 | 22.676 | 22.731 | 22.786 | 22.841 | 22.896 |
| 420 | 22.952 | 23.007 | 23.062 | 23.117 | 23.172 | 23.228 | 23.283 | 23.338 | 23.393 | 23.449 |
| 430 | 23.504 | 23.559 | 23.614 | 23.67 | 23.725 | 23.78 | 23.835 | 23.891 | 23.946 | 24.001 |
| 440 | 24.057 | 24.112 | 24.167 | 24.223 | 24.278 | 24.333 | 24.389 | 24.444 | 24.499 | 24.555 |
| 450 | 24.61 | 24.665 | 24.721 | 24.776 | 24.832 | 24.887 | 24.943 | 24.998 | 25.053 | 25.109 |
| 460 | 25.164 | 25.22 | 25.275 | 25.331 | 25.386 | 25.442 | 25.497 | 25.553 | 25.608 | 25.664 |
| 470 | 25.72 | 25.775 | 25.831 | 25.886 | 25.942 | 25.998 | 26.053 | 26.109 | 26.165 | 26.22 |
| 480 | 26.276 | 26.332 | 26.387 | 26.443 | 26.499 | 26.555 | 26.61 | 26.666 | 26.722 | 26.778 |
| 490 | 26.834 | 26.889 | 26.945 | 27.001 | 27.057 | 27.113 | 27.169 | 27.225 | 27.281 | 27.337 |
| 500 | 27.393 | 27.449 | 27.505 | 27.561 | 27.617 | 27.673 | 27.729 | 27.785 | 27.841 | 27.897 |
| 510 | 27.953 | 28.01 | 28.066 | 28.122 | 28.178 | 28.234 | 28.291 | 28.347 | 28.403 | 28.46 |
| 520 | 28.516 | 28.572 | 28.629 | 28.685 | 28.741 | 28.798 | 28.854 | 28.911 | 28.967 | 29.024 |
| 530 | 29.08 | 29.137 | 29.194 | 29.25 | 29.307 | 29.363 | 29.42 | 29.477 | 29.534 | 29.59 |
| 540 | 29.647 | 29.704 | 29.761 | 29.818 | 29.874 | 29.931 | 29.988 | 30.045 | 30.102 | 30.159 |
| 550 | 30.216 | 30.273 | 30.33 | 30.387 | 30.444 | 30.502 | 30.559 | 30.616 | 30.673 | 30.73 |
| 560 | 30.788 | 30.845 | 30.902 | 30.96 | 31.017 | 31.074 | 31.132 | 31.189 | 31.247 | 31.304 |
| 570 | 31.362 | 31.419 | 31.477 | 31.535 | 31.592 | 31.65 | 31.708 | 31.766 | 31.823 | 31.881 |
| 580 | 31.939 | 31.997 | 32.055 | 32.113 | 32.171 | 32.229 | 32.287 | 32.345 | 32.403 | 32.461 |
| 590 | 32.519 | 32.577 | 32.636 | 32.694 | 32.752 | 32.81 | 32.869 | 32.927 | 32.985 | 33.044 |
| 600 | 33.102 | 33.161 | 33.219 | 33.278 | 33.337 | 33.395 | 33.454 | 33.513 | 33.571 | 33.63 |
| 610 | 33.689 | 33.748 | 33.807 | 33.866 | 33.925 | 33.984 | 34.043 | 34.102 | 34.161 | 34.22 |
| 620 | 34.279 | 34.338 | 34.397 | 34.457 | 34.516 | 34.575 | 34.635 | 34.694 | 34.754 | 34.813 |
| 630 | 34.873 | 34.932 | 34.992 | 35.051 | 35.111 | 35.171 | 35.23 | 35.29 | 35.35 | 35.41 |
| 640 | 35.47 | 35.53 | 35.59 | 35.65 | 35.71 | 35.77 | 35.83 | 35.89 | 35.95 | 36.01 |

（续表）

| 温度/℃ | 0 | −1 | −2 | −3 | −4 | −5 | −6 | −7 | −8 | −9 |
|---|---|---|---|---|---|---|---|---|---|---|
| | 热电动势/mV（参考端为 0 ℃） | | | | | | | | | |
| 650 | 36.071 | 36.131 | 36.191 | 36.252 | 36.312 | 36.373 | 36.433 | 36.494 | 36.554 | 36.615 |
| 660 | 36.675 | 36.736 | 36.797 | 36.858 | 36.918 | 36.979 | 37.04 | 37.101 | 37.162 | 37.223 |
| 670 | 37.284 | 37.345 | 37.406 | 37.467 | 37.528 | 37.59 | 37.651 | 37.712 | 37.773 | 37.835 |
| 680 | 37.896 | 37.958 | 38.019 | 38.081 | 38.142 | 38.204 | 38.265 | 38.327 | 38.389 | 38.45 |
| 690 | 38.512 | 38.574 | 38.636 | 38.698 | 38.76 | 38.822 | 38.884 | 38.946 | 39.008 | 39.07 |
| 700 | 39.132 | 39.194 | 39.256 | 39.318 | 39.381 | 39.443 | 39.505 | 39.568 | 39.63 | 39.693 |
| 710 | 39.755 | 39.818 | 39.88 | 39.943 | 40.005 | 40.068 | 40.131 | 40.193 | 40.256 | 40.319 |
| 720 | 40.382 | 40.445 | 40.508 | 40.57 | 40.633 | 40.696 | 40.759 | 40.822 | 40.886 | 40.949 |
| 730 | 41.012 | 41.075 | 41.138 | 41.201 | 41.265 | 41.328 | 41.391 | 41.455 | 41.518 | 41.581 |
| 740 | 41.645 | 41.708 | 41.772 | 41.835 | 41.899 | 41.962 | 42.026 | 42.09 | 42.153 | 42.217 |
| 750 | 42.281 | 42.344 | 42.408 | 42.472 | 42.536 | 42.599 | 42.663 | 42.727 | 42.791 | 42.855 |
| 760 | 42.919 | 42.983 | 43.047 | 43.111 | 43.175 | 43.239 | 43.303 | 43.367 | 43.431 | 43.495 |
| 770 | 43.559 | 43.624 | 43.688 | 43.752 | 43.817 | 43.881 | 43.945 | 44.01 | 44.074 | 44.139 |
| 780 | 44.203 | 44.267 | 44.332 | 44.396 | 44.461 | 44.525 | 44.59 | 44.655 | 44.719 | 44.784 |
| 790 | 44.848 | 44.913 | 44.977 | 45.042 | 45.107 | 45.171 | 45.236 | 45.301 | 45.365 | 45.43 |
| 800 | 45.494 | 45.559 | 45.624 | 45.688 | 45.753 | 45.818 | 45.882 | 45.947 | 46.011 | 46.076 |
| 810 | 46.141 | 46.205 | 46.27 | 46.334 | 46.399 | 46.464 | 46.528 | 46.593 | 46.657 | 46.722 |
| 820 | 46.786 | 46.851 | 46.915 | 46.98 | 47.044 | 47.109 | 47.173 | 47.238 | 47.302 | 47.367 |
| 830 | 47.431 | 47.495 | 47.56 | 47.624 | 47.688 | 47.753 | 47.817 | 47.881 | 47.946 | 48.01 |
| 840 | 48.074 | 48.138 | 48.202 | 48.267 | 48.331 | 48.395 | 48.459 | 48.523 | 48.587 | 48.651 |
| 850 | 48.715 | 48.779 | 48.843 | 48.907 | 48.971 | 49.034 | 49.098 | 49.162 | 49.226 | 49.29 |
| 860 | 49.353 | 49.417 | 49.481 | 49.544 | 49.608 | 49.672 | 49.735 | 49.799 | 49.862 | 49.926 |
| 870 | 49.989 | 50.052 | 50.116 | 50.179 | 50.243 | 50.306 | 50.369 | 50.432 | 50.495 | 50.559 |
| 880 | 50.622 | 50.685 | 50.748 | 50.811 | 50.874 | 50.937 | 51 | 51.063 | 51.126 | 51.188 |
| 890 | 51.251 | 51.314 | 51.377 | 51.439 | 51.502 | 51.565 | 51.627 | 51.69 | 51.752 | 51.815 |
| 900 | 51.877 | 51.94 | 52.002 | 52.064 | 52.127 | 52.189 | 52.251 | 52.314 | 52.376 | 52.438 |
| 910 | 52.5 | 52.562 | 52.624 | 52.686 | 52.748 | 52.81 | 52.872 | 52.934 | 52.996 | 53.057 |
| 920 | 53.119 | 53.181 | 53.243 | 53.304 | 53.366 | 53.427 | 53.489 | 53.55 | 53.612 | 53.673 |
| 930 | 53.735 | 53.796 | 53.857 | 53.919 | 53.98 | 54.041 | 54.102 | 54.164 | 54.225 | 54.286 |

（续表）

| 温度/℃ | 0 | −1 | −2 | −3 | −4 | −5 | −6 | −7 | −8 | −9 |
|---|---|---|---|---|---|---|---|---|---|---|
| | 热电动势/mV（参考端为 0 ℃） | | | | | | | | | |
| 940 | 54.347 | 54.408 | 54.469 | 54.53 | 54.591 | 54.652 | 54.713 | 54.773 | 54.834 | 54.895 |
| 950 | 54.956 | 55.016 | 55.077 | 55.138 | 55.198 | 55.259 | 55.319 | 55.38 | 55.44 | 55.501 |
| 960 | 55.561 | 55.622 | 55.682 | 55.742 | 55.803 | 55.863 | 55.923 | 55.983 | 56.043 | 56.104 |
| 970 | 56.164 | 56.224 | 56.284 | 56.344 | 56.404 | 56.464 | 56.524 | 56.584 | 56.643 | 56.703 |
| 980 | 56.763 | 56.823 | 56.883 | 56.942 | 57.002 | 57.062 | 57.121 | 57.181 | 57.24 | 57.3 |
| 990 | 57.36 | 57.419 | 57.479 | 57.538 | 57.597 | 57.657 | 57.716 | 57.776 | 57.835 | 57.894 |
| 1000 | 57.953 | 58.013 | 58.072 | 58.131 | 58.19 | 58.249 | 58.309 | 58.368 | 58.427 | 58.486 |
| 1010 | 58.545 | 58.604 | 58.663 | 58.722 | 58.781 | 58.84 | 58.899 | 58.957 | 59.016 | 59.075 |
| 1020 | 59.134 | 59.193 | 59.252 | 59.31 | 59.369 | 59.428 | 59.487 | 59.545 | 59.604 | 59.663 |
| 1030 | 59.721 | 59.78 | 59.838 | 59.897 | 59.956 | 60.014 | 60.073 | 60.131 | 60.19 | 60.248 |
| 1040 | 60.307 | 60.365 | 60.423 | 60.482 | 60.54 | 60.599 | 60.657 | 60.715 | 60.774 | 60.832 |
| 1050 | 60.89 | 60.949 | 61.007 | 61.065 | 61.123 | 61.182 | 61.24 | 61.298 | 61.356 | 61.415 |
| 1060 | 61.473 | 61.531 | 61.589 | 61.647 | 61.705 | 61.763 | 61.822 | 61.88 | 61.938 | 61.996 |
| 1070 | 62.054 | 62.112 | 62.17 | 62.228 | 62.286 | 62.344 | 62.402 | 62.46 | 62.518 | 62.576 |
| 1080 | 62.634 | 62.692 | 62.75 | 62.808 | 62.866 | 62.924 | 62.982 | 63.04 | 63.098 | 63.156 |
| 1090 | 63.214 | 63.271 | 63.329 | 63.387 | 63.445 | 63.503 | 63.561 | 63.619 | 63.677 | 63.734 |
| 1100 | 63.792 | 63.85 | 63.908 | 63.966 | 64.024 | 64.081 | 64.139 | 64.197 | 64.255 | 64.313 |
| 1110 | 64.37 | 64.428 | 64.486 | 64.544 | 64.602 | 64.659 | 64.717 | 64.775 | 64.833 | 64.89 |
| 1120 | 64.948 | 65.006 | 65.064 | 65.121 | 65.179 | 65.237 | 65.295 | 65.352 | 65.41 | 65.468 |
| 1130 | 65.525 | 65.583 | 65.641 | 65.699 | 65.756 | 65.814 | 65.872 | 65.929 | 65.987 | 66.045 |
| 1140 | 66.102 | 66.16 | 66.218 | 66.275 | 66.333 | 66.391 | 66.448 | 66.506 | 66.564 | 66.621 |
| 1150 | 66.679 | 66.737 | 66.794 | 66.852 | 66.91 | 66.967 | 67.025 | 67.082 | 67.14 | 67.198 |
| 1160 | 67.255 | 67.313 | 67.37 | 67.428 | 67.486 | 67.543 | 67.601 | 67.658 | 67.716 | 67.773 |
| 1170 | 67.831 | 67.888 | 67.946 | 68.003 | 68.061 | 68.119 | 68.176 | 68.234 | 68.291 | 68.348 |
| 1180 | 68.406 | 68.463 | 68.521 | 68.578 | 68.636 | 68.693 | 68.751 | 68.808 | 68.865 | 68.923 |
| 1190 | 68.98 | 69.037 | 69.095 | 69.152 | 69.209 | 69.267 | 69.324 | 69.381 | 69.439 | 69.496 |
| 1200 | 69.553 | — | — | — | — | — | — | — | — | — |

## 铜-铜镍（康铜）热电偶（T 型）分度表（ITS-90）

| 温度 /℃ | 0 | −1 | −2 | −3 | −4 | −5 | −6 | −7 | −8 | −9 |
|---|---|---|---|---|---|---|---|---|---|---|
| | 热电动势/mV（参考端为 0 ℃） | | | | | | | | | |
| −270 | −6.258 | — | — | — | — | — | — | — | — | — |
| −260 | −6.232 | −6.236 | −6.239 | −6.242 | −6.245 | −6.248 | −6.251 | −6.253 | −6.255 | −6.256 |
| −250 | −6.18 | −6.187 | −6.193 | −6.198 | −6.204 | −6.209 | −6.214 | −6.219 | −6.223 | −6.228 |
| −240 | −6.105 | −6.114 | −6.122 | −6.13 | −6.138 | −6.146 | −6.153 | −6.16 | −6.167 | −6.174 |
| −230 | −6.007 | −6.017 | −6.028 | −6.038 | −6.049 | −6.059 | −6.068 | −6.078 | −6.087 | −6.096 |
| −220 | −5.888 | −5.901 | −5.914 | −5.926 | −5.938 | −5.95 | −5.962 | −5.973 | −5.985 | −5.996 |
| −210 | −5.753 | −5.767 | −5.782 | −5.795 | −5.809 | −5.823 | −5.836 | −5.85 | −5.863 | −5.876 |
| −200 | −5.603 | −5.619 | −5.634 | −5.65 | −5.665 | −5.68 | −5.695 | −5.71 | −5.724 | −5.739 |
| −190 | −5.439 | −5.456 | −5.473 | −5.489 | −5.506 | −5.523 | −5.539 | −5.555 | −5.571 | −5.587 |
| −180 | −5.261 | −5.279 | −5.297 | −5.316 | −5.334 | −5.351 | −5.369 | −5.387 | −5.404 | −5.421 |
| −170 | −5.07 | −5.089 | −5.109 | −5.128 | −5.148 | −5.167 | −5.186 | −5.205 | −5.224 | −5.242 |
| −160 | −4.865 | −4.886 | −4.907 | −4.928 | −4.949 | −4.969 | −4.989 | −5.01 | −5.03 | −5.05 |
| −150 | −4.648 | −4.671 | −4.693 | −4.715 | −4.737 | −4.759 | −4.78 | −4.802 | −4.823 | −4.844 |
| −140 | −4.419 | −4.443 | −4.466 | −4.489 | −4.512 | −4.535 | −4.558 | −4.581 | −4.604 | −4.626 |
| −130 | −4.177 | −4.202 | −4.226 | −4.251 | −4.275 | −4.3 | −4.324 | −4.348 | −4.372 | −4.395 |
| −120 | −3.923 | −3.949 | −3.975 | −4 | −4.026 | −4.052 | −4.077 | −4.102 | −4.127 | −4.152 |
| −110 | −3.657 | −3.684 | −3.711 | −3.738 | −3.765 | −3.791 | −3.818 | −3.844 | −3.871 | −3.897 |
| −100 | −3.379 | −3.407 | −3.435 | −3.463 | −3.491 | −3.519 | −3.547 | −3.574 | −3.602 | −3.629 |
| −90 | −3.089 | −3.118 | −3.148 | −3.177 | −3.206 | −3.235 | −3.264 | −3.293 | −3.322 | −3.35 |
| −80 | −2.788 | −2.818 | −2.849 | −2.879 | −2.91 | −2.94 | −2.97 | −3 | −3.03 | −3.059 |
| −70 | −2.476 | −2.507 | −2.539 | −2.571 | −2.602 | −2.633 | −2.664 | −2.695 | −2.726 | −2.757 |
| −60 | −2.153 | −2.186 | −2.218 | −2.251 | −2.283 | −2.316 | −2.348 | −2.38 | −2.412 | −2.444 |
| −50 | −1.819 | −1.853 | −1.887 | −1.92 | −1.954 | −1.987 | −2.021 | −2.054 | −2.087 | −2.12 |
| −40 | −1.475 | −1.51 | −1.545 | −1.579 | −1.614 | −1.648 | −1.683 | −1.717 | −1.751 | −1.785 |
| −30 | −1.121 | −1.157 | −1.192 | −1.228 | −1.264 | −1.299 | −1.335 | −1.37 | −1.405 | −1.44 |
| −20 | −0.757 | −0.794 | −0.83 | −0.867 | −0.904 | −0.94 | −0.976 | −1.013 | −1.049 | −1.085 |
| −10 | −0.383 | −0.421 | −0.459 | −0.496 | −0.534 | −0.571 | −0.608 | −0.646 | −0.683 | −0.72 |
| 0 | 0 | −0.039 | −0.077 | −0.116 | −0.154 | −0.193 | −0.231 | −0.269 | −0.307 | −0.345 |

（续表）

| 温度 /℃ | 0 | 1 | 2 | 3 | 4 | 5 | 6 | 7 | 8 | 9 |
|---|---|---|---|---|---|---|---|---|---|---|
| | 热电动势/mV（参考端为 0 ℃） | | | | | | | | | |
| 0 | 0 | 0.039 | 0.078 | 0.117 | 0.156 | 0.195 | 0.234 | 0.273 | 0.312 | 0.352 |
| 10 | 0.391 | 0.431 | 0.47 | 0.51 | 0.549 | 0.589 | 0.629 | 0.669 | 0.709 | 0.749 |
| 20 | 0.79 | 0.83 | 0.87 | 0.911 | 0.951 | 0.992 | 1.033 | 1.074 | 1.114 | 1.155 |
| 30 | 1.196 | 1.238 | 1.279 | 1.32 | 1.362 | 1.403 | 1.445 | 1.486 | 1.528 | 1.57 |
| 40 | 1.612 | 1.654 | 1.696 | 1.738 | 1.78 | 1.823 | 1.865 | 1.908 | 1.95 | 1.993 |
| 50 | 2.036 | 2.079 | 2.122 | 2.165 | 2.208 | 2.251 | 2.294 | 2.338 | 2.381 | 2.425 |
| 60 | 2.468 | 2.512 | 2.556 | 2.6 | 2.643 | 2.687 | 2.732 | 2.776 | 2.82 | 2.864 |
| 70 | 2.909 | 2.953 | 2.998 | 3.043 | 3.087 | 3.132 | 3.177 | 3.222 | 3.267 | 3.312 |
| 80 | 3.358 | 3.403 | 3.448 | 3.494 | 3.539 | 3.585 | 3.631 | 3.677 | 3.722 | 3.768 |
| 90 | 3.814 | 3.86 | 3.907 | 3.953 | 3.999 | 4.046 | 4.092 | 4.138 | 4.185 | 4.232 |
| 100 | 4.279 | 4.325 | 4.372 | 4.419 | 4.466 | 4.513 | 4.561 | 4.608 | 4.655 | 4.702 |
| 110 | 4.75 | 4.798 | 4.845 | 4.893 | 4.941 | 4.988 | 5.036 | 5.084 | 5.132 | 5.18 |
| 120 | 5.228 | 5.277 | 5.325 | 5.373 | 5.422 | 5.47 | 5.519 | 5.567 | 5.616 | 5.665 |
| 130 | 5.714 | 5.763 | 5.812 | 5.861 | 5.91 | 5.959 | 6.008 | 6.057 | 6.107 | 6.156 |
| 140 | 6.206 | 6.255 | 6.305 | 6.355 | 6.404 | 6.454 | 6.504 | 6.554 | 6.604 | 6.654 |
| 150 | 6.704 | 6.754 | 6.805 | 6.855 | 6.905 | 6.956 | 7.006 | 7.057 | 7.107 | 7.158 |
| 160 | 7.209 | 7.26 | 7.31 | 7.361 | 7.412 | 7.463 | 7.515 | 7.566 | 7.617 | 7.668 |
| 170 | 7.72 | 7.771 | 7.823 | 7.874 | 7.926 | 7.977 | 8.029 | 8.081 | 8.133 | 8.185 |
| 180 | 8.237 | 8.289 | 8.341 | 8.393 | 8.445 | 8.497 | 8.55 | 8.602 | 8.654 | 8.707 |
| 190 | 8.759 | 8.812 | 8.865 | 8.917 | 8.97 | 9.023 | 9.076 | 9.129 | 9.182 | 9.235 |
| 200 | 9.288 | 9.341 | 9.395 | 9.448 | 9.501 | 9.555 | 9.608 | 9.662 | 9.715 | 9.769 |
| 210 | 9.822 | 9.876 | 9.93 | 9.984 | 10.038 | 10.092 | 10.146 | 10.2 | 10.254 | 10.308 |
| 220 | 10.362 | 10.417 | 10.471 | 10.525 | 10.58 | 10.634 | 10.689 | 10.743 | 10.798 | 10.853 |
| 230 | 10.907 | 10.962 | 11.017 | 11.072 | 11.127 | 11.182 | 11.237 | 11.292 | 11.347 | 11.403 |
| 240 | 11.458 | 11.513 | 11.569 | 11.624 | 11.68 | 11.735 | 11.791 | 11.846 | 11.902 | 11.958 |
| 250 | 12.013 | 12.069 | 12.125 | 12.181 | 12.237 | 12.293 | 12.349 | 12.405 | 12.461 | 12.518 |
| 260 | 12.574 | 12.63 | 12.687 | 12.743 | 12.799 | 12.856 | 12.912 | 12.969 | 13.026 | 13.082 |
| 270 | 13.139 | 13.196 | 13.253 | 13.31 | 13.366 | 13.423 | 13.48 | 13.537 | 13.595 | 13.652 |
| 280 | 13.709 | 13.766 | 13.823 | 13.881 | 13.938 | 13.995 | 14.053 | 14.11 | 14.168 | 14.226 |
| 290 | 14.283 | 14.341 | 14.399 | 14.456 | 14.514 | 14.572 | 14.63 | 14.688 | 14.746 | 14.804 |

（续表）

| 温度/℃ | 0 | 1 | 2 | 3 | 4 | 5 | 6 | 7 | 8 | 9 |
|---|---|---|---|---|---|---|---|---|---|---|
| | 热电动势/mV（参考端为 0 ℃） | | | | | | | | | |
| 300 | 14.862 | 14.92 | 14.978 | 15.036 | 15.095 | 15.153 | 15.211 | 15.27 | 15.328 | 15.386 |
| 310 | 15.445 | 15.503 | 15.562 | 15.621 | 15.679 | 15.738 | 15.797 | 15.856 | 15.914 | 15.973 |
| 320 | 16.032 | 16.091 | 16.15 | 16.209 | 16.268 | 16.327 | 16.387 | 16.446 | 16.505 | 16.564 |
| 330 | 16.624 | 16.683 | 16.742 | 16.802 | 16.861 | 16.921 | 16.98 | 17.04 | 17.1 | 17.159 |
| 340 | 17.219 | 17.279 | 17.339 | 17.399 | 17.458 | 17.518 | 17.578 | 17.638 | 17.698 | 17.759 |
| 350 | 17.819 | 17.879 | 17.939 | 17.999 | 18.06 | 18.12 | 18.18 | 18.241 | 18.301 | 18.362 |
| 360 | 18.422 | 18.483 | 18.543 | 18.604 | 18.665 | 18.725 | 18.786 | 18.847 | 18.908 | 18.969 |
| 370 | 19.03 | 19.091 | 19.152 | 19.213 | 19.274 | 19.335 | 19.396 | 19.457 | 19.518 | 19.579 |
| 380 | 19.641 | 19.702 | 19.763 | 19.825 | 19.886 | 19.947 | 20.009 | 20.07 | 20.132 | 20.193 |
| 390 | 20.255 | 20.317 | 20.378 | 20.44 | 20.502 | 20.563 | 20.625 | 20.687 | 20.748 | 20.81 |
| 400 | 20.872 | — | — | — | — | — | — | — | — | — |